100 DAMPFLOKS
die man kennen muss

Klaus-Jürgen Kühne · Jan Reiners

transpress

Einbandgestaltung: Sven Rauert
Fotos: D. Endisch (5), Archiv transpress (2)

Bildnachweis: siehe Seite 143

Eine Haftung des Autors oder des Verlages und seiner Beauftragten für Personen-, Sach- und Vermögensschäden ist ausgeschlossen.

ISBN 978-3-613-71765-7

1. Auflage 2025

Sie finden uns im Internet unter **www.transpress.de**

Produkthinweis:
Dieses Buch wurde nach den geltenden Vorschriften der General Product Safety Regulation (GPSR) entwickelt. Bei Fragen oder Problemen wenden Sie sich bitte an den Verlag unter der folgenden E-Mail-Adresse: gpsr@paul-pietsch-verlage.de

Lektor: Hartmut Lange
Innengestaltung: Kornelia Erlewein
Druck und Bindung: Graspo Cz a.s., CZ-76302 Zlin Printed in Czech Republic

Welche Dampflok muss man kennen?

Die einfache Antwort auf diese Frage lautet: keine. Denn für die Kenntnis von Dampflokomotiven besteht keine Verpflichtung. Wer sich aber etwas genauer für diese Materie interessiert, für den ist es schon hilfreich, wenn ihr oder ihm einige wichtige Typen bekannt sind. Es gibt viele Gründe, die eine Dampflok-Baureihe bedeutend machen. Das kann z. B. ihre Leistung, ihre Geschwindigkeit, ihre Zuverlässigkeit oder die gebaute Anzahl sein. Manchmal ist es auch eine Kombination dieser vier Dinge oder eben etwas ganz anderes. Doch eines eint alle diese Begründungen: die Faszination der Dampflok. Denn keine andere von Menschen erdachte Maschine setzt Energie so eindrucksvoll in Bewegung um. Drei Elemente wirken dabei zusammen, die für die Zivilisationsgeschichte der Menschheit eine wichtige Bedeutung haben: Feuer, Wasser und Kohle.

Das machte die Dampflok zu einem Symbol für die industrielle Revolution. Ihre Ankunft setzten die Menschen in den jeweiligen Landstrichen mit der Ankunft des Fortschritts gleich. Dieser Fortschritt bestand aber nicht nur in einem wirtschaftlichen Aufschwung, sondern auch in einer neuen Mobilität, die plötzlich Möglichkeiten bot, von denen man vorher nicht zu träumen gewagt hatte. Diese Entwicklung stellte immer neue und wachsende Anforderungen an die Dampflok, von der immer größere Leistungen verlangt wurden. Sie wuchs mit der rasanten wirtschaftlichen Entwicklung, ja manchmal musste sie sich beeilen, um mit deren Tempo Schritt zu halten. Dieses dramatische Wachstum erkennt schnell, wer die erste moderne Dampflok »Rocket« von George Stephenson (siehe Seite 10) aus dem Jahr 1829 mit dem »Big Boy« von 1941 der Union Pacific (siehe Seite 141) vergleicht: Aus einem zierlichen Dampfwagen, der mit einer angetriebenen Achse rund 20 t bewegte, war innerhalb von etwas mehr als 100 Jahren ein mächtiger Stahlkoloss geworden, der mit Hilfe von acht Kuppelachsen und zwei Triebwerken über 3.000 t schwere Züge durch die Rocky Mountains beförderte. Erst als die Elektro- und Diesellokomotiven ihren Siegeszug begannen, verlor die Dampflok ihren Wettlauf mit dem Fortschritt.

Dieses Buch weicht von der herkömmlichen Gliederung in Schnellzug-, Personenzug-, Güterzug- und Schmalspurdampfloks ab. Das hat einen wichtigen Grund: Die Anzahl der angetriebenen Achsen einer Dampflok entschied nicht immer über ihren Einsatzzweck. Mit drei Kuppelachsen beförderte die preußische T 3 (siehe Seite 50) leichte Personenzüge über Bimmelbahnen und mit ebenfalls drei angetriebenen Achsen fuhr die britische »Mallard« (siehe Seite 73) Weltrekord. Um diese Vielfalt und das Nebeneinander der Entwicklungen zu zeigen, haben wir uns dafür entschieden, die Kapitel nach Anzahl der Kuppelachsen zu gliedern (siehe hierzu auch im Anhang Seite 142f.). Dieser Aufbau bietet dem Leser noch eine weitere Möglichkeit: Er kann die unterschiedlichen Entwicklungen in den verschiedenen Ländern vergleichen. Denn oftmals waren es nicht allein die topographischen Gegebenheiten oder der vornehmliche Einsatzzweck, die eine Dampflokkonstruktion beeinflussten, sondern auch technische Vorlieben oder ganz einfach neue Ideen der Ingenieure. Nichtsdestoweniger: Dieses Buch erhebt nicht den Anspruch einer Enzyklopädie. Sein Umfang machte es nötig, eine repräsentative Auswahl zu treffen. Im Zentrum stand dabei das alte Europa, weil die Entwicklungen in Deutschland und bei seinen europäischen Nachbarn sicherlich für die meisten Dampflokfreunde am interessantesten sind.

Wer sich auf eine Reise in die Technikgeschichte der Dampflok begibt, freut sich über helfende Hände. Besonders unterstützt haben uns Dr. Sebastian Tuschick, Berlin, der mit exzellenter Kenntnis die Texte über die Dampfloks der Dänischen Staatsbahn verfasste, und Dennis Alexander Berg mit seinem Fotoarchiv. Vielen Dank!

Viel Spaß beim Lesen und Schauen wünschen Ihnen

Klaus-Jürgen Kühne
Jan Reiners
Halle (Saale) und Bremen

44 1593-1
44 1182-3

Vier Jumbos im Bahnbetriebswerk Staßfurt: Die Baureihe 44 gehört zweifellos zu den Baureihen, die man kennen sollte (siehe S. 110).

Inhalt

Leicht und schnell – die Achsfolgen A und B

Die ersten Dampfloks hatten nur eine angetriebene Achse. Steigende Zuglasten machten schnell eine zweite Kuppelachse notwendig. Doch auch das war bald zu wenig – eine dritte Kuppelachse kam hinzu. Trotzdem wurden Lokomotiven mit der Achsfolge B bis in die 1930er-Jahre gebaut, denn für den leichten Schnellzugverkehr galten sie als wirtschaftlichste Lösung und preisgünstige Alternative zu den leichten Dieseltriebwagen.

Nicht die Erste – Stephensons »Rocket«

Bauart		A1
Höchstgeschwindigkeit v/r	km/h	46,4
Zylinderdurchmesser	mm	232
Kolbenhub	mm	432
Treib- und Kuppelraddurchmesser	mm	1.400
Laufraddurchmesser	mm	760
Kesselüberdruck	kp/cm^2	3,5
Rostfläche	m^2	0,74
Verdampfungsheizfläche	m^2	10,9

Ein weitverbreiteter Irrtum lautet, dass die 1829 gebaute »Rocket« die erste Dampflok überhaupt ist. Das stimmt nicht: Die erste funktionsfähige Dampflok hatte Richard Trevithick (1771–1833) bereits 25 Jahre früher fertiggestellt, doch seine Entwicklung gelangte niemals über den Prototyp hinaus. Die erste betriebstauglich Zweizylinder-Dampflok »The Salamanca« baute 1812 Matthew Murray (1765–1826) in Holbeck für die *Middleton Railway* von Middleton nach Leeds (West Yorkshire). Und auch George Stephenson (1781–1848) hatte genauso wie einige andere Ingenieure schon vor der »Rocket« einige Dampfloks gebaut. Das Besondere an der »Rocket« war, dass sie einen bedeutenden Entwicklungsschritt im Dampflokbau darstellte, denn sie vereinte erstmals alle wichtigen Baumerkmale einer modernen Dampflok: So besaß der Kessel 25 Kupferrohre, die das Wasser schnell erwärmten und für eine ausreichende Dampfproduktion sorgten. Ein Blasrohr leitete den Abdampf der Lok in den Schornstein der Lok. Dadurch entstand ein Sog, der das Feuer anfachte. Die Feuerbüchse, deren Bleche doppelt so dick wie die Kesselbleche waren, war von Wasser umschlossen. Die Zylinder, die die Räder über Treibstangen antrieben, hatte man ursprünglich in einem Winkel von 35° zur Horizontalen unterhalb und hinter dem Kessel befestigt. Dies bewährte sich nicht, sodass die Zylinder in die Horizontale verlegt wurden. Legendär machte die »Rocket« vor allem der Gewinn des Wettkampfes der *Liverpool and Manchester Railway* vom 6. bis zum 14. Oktober 1829 in Rainhill, der die beste Lokomotivkonstruktion ermitteln sollte. Als einzige Teilnehmerin erfüllte die »Rocket« die Aufgabe, 80 Kilometer störungsfrei mit Beladung zurückzulegen. Außerdem musste sie eine Last von fast 20 t mit rund 20 km/h befördern und allein eine Geschwindigkeit von 46,4 km/h erreichen.

1862 wurde die »Rocket« von ihrem letzten Besitzer dem Patent Office Museum in London geschenkt. Heute steht die Lok im Science Museum in der britischen Hauptstadt, sieht aber bedingt durch verschiedene Umbauten nicht mehr so aus wie in Rainhaill. Nicht zuletzt deshalb entstand 1979 zum 150. Jubiläum bei Locomotion Enterprises ein Nachbau der »Rocket«.

Anlässlich des 150-jährigen Jubiläums des Rennens von Rainhill entstand 1979 der Nachbau der »Rocket«.

Deutschlands erste Dampflok – der »Adler«

Bis 1857 war der »Adler« bei der Ludwigseisenbahn im Einsatz. Das Raw Kaiserslautern fertigte 1935 den Nachbau der ersten Dampflok in Deutschland.

Bauart		1A1n2
Länge über Puffer	mm	7.625
Höchstgeschwindigkeit (v/h)	km/h	50 / 50
Zylinderdurchmesser	mm	229
Kolbenhub	mm	406
Treib- und Kuppelraddurchmesser	mm	1.372
Laufraddurchmesser v/h	mm	915 / 915
Kesselüberdruck	kp/cm²	6
Rostfläche	m²	0,44
Verdampfungsheizfläche	m²	17,5
Brennstoffvorrat	t	1,0
Wasserkasteninhalt	m³	2,0
Leistung	PS	40

Die erste deutsche Eisenbahn wurde am 7. Dezember 1835 zwischen Nürnberg und Fürth eröffnet. Bereits Ende 1833 wurde die »Privilegierte Ludwigseisenbahn-Gesellschaft« gegründet. Gut drei Monate später, am 19. Februar 1834, erhielt das Unternehmen vom bayerischen König Ludwig I. die Konzession zum Bau und Betrieb der Strecke Nürnberg–Fürth. Da es in Bayern und in den anderen deutschen Staaten kein Unternehmen gab, das in der Lage war, betriebssichere Dampfloks zu bauen, beauftragte die Ludwigseisenbahn im Mai 1835 die Firma von George Stephenson in Newcastle upon Tyne in England mit der Fertigung eines so genannten »Dampfwagens«. Dieser traf am 26. Oktober 1835 nach einer rund zweimonatigen Reise per Schiff und auf Fuhrwerken in Einzelteilen zerlegt und in Kisten verpackt in Franken ein.

Unter der Aufsicht des ebenfalls von der Firma Stephenson gestellten Lokführers William Wilson montierte man die als »Adler« bezeichnete Lokomotive in Nürnberg.

Am 7. Dezember 1835 läutete Wilson dann auf dem Führerstand des »Adler« das Eisenbahn-Zeitalter in Deutschland ein. Bis 1857 stand die Maschine in Diensten der Ludwigseisenbahn, bevor der »Adler« ausgemustert und verschrottet wurde.

Anfang der 1930er-Jahre, als das 100-jährige Jubiläum der Eisenbahn in Deutschland vor der Tür stand, entschloss sich die Deutsche Reichsbahn-Gesellschaft (DRG) zu einem möglichst originalgetreuen Nachbau des ersten deutschen Eisenbahnzuges. Das Reichsbahnausbesserungswerk (RAW) Kaiserslautern übernahm dabei die Fertigung des »Adlers«. Da nur wenige Originalunterlagen erhalten geblieben waren und aufgrund anderer gesetzlicher Vorschriften konnte der »Adler« nicht exakt nachgebildet werden, was aber dem Gesamteindruck des Zuges nicht schadete. Heute sind der betriebsfähige »Adler« und die dazugehörigen Wagen Eigentum des DB-Museums Nürnberg. In den Ausstellungsräumen in Nürnberg kann außerdem ein nicht betriebsfähiger zweiter »Adler« besichtigt werden.

Zwickauer Urgestein – die »Muldenthal«

Die Bockwaer Eisenbahn beauftragte am 10. Dezember 1860 die Firma Richard Hartmann in Chemnitz mit dem Bau von zwei 1B-Tenderloks zum Preis von 15.425 Talern je Stück. Während die erste Lok, die »Bockwa«, noch 1860 in Dienst gestellt wurde, erfolgte die Abnahme der »Muldenthal« erst einige Monate später am 7. September 1861. Beide Maschinen entsprachen dem damaligen Stand der Technik. Sie hatten u.a. eine Feuerbüchse aus Kupfer, eine so genannte Dampfwaage (die den Kesseldruck kontrollierte) und eine Wurfhebelbremse.

Bauart		**1Bn2t**
Länge über Puffer	mm	8.980
Höchstgeschwindigkeit v/r	km/h	50/50
Zylinderdurchmesser	mm	375
Kolbenhub	mm	w
Treib- und Kuppelraddurchmesser	mm	1.400
Laufraddurchmesser v	mm	825
Kesselüberdruck	kp/cm^2	8,5
Brennstoffvorrat	t	0,75
Wasserkasteninhalt	m^3	3,0

Die »Muldenthal« war die älteste Dampflok der DDR. Mit Hilfe eines Schwertransporters wurde die Lok 1956 in das Verkehrsmuseum Dresden transportiert.

Als Witterungsschutz für das Personal diente lediglich ein Blechschild auf dem Stehkessel. Die Bockwaer Eisenbahn setzte die beiden Maschinen ausschließlich im Rangierdienst und vor Übergaben zwischen dem Zwickauer Güterbahnhof und den Steinkohlezechen ein.

1913 übernahm der Erzgebirgische Steinkohlen-Actienverein zu Zwickau die beiden Maschinen, die fortan den Verschub auf den Werkbahnen der Zechen in Cainsdorf bei Zwickau versahen. Im Zuge der planmäßigen Instandsetzungen wurden schließlich bis in die 1920er-Jahre das Schutzschild durch ein Führerhaus sowie die Dampfwaage durch ein Kesselmanometer ersetzt. Nach der Ausmusterung der »Bockwa« war die »Muldenthal« ab Ende der 1920er-Jahre die älteste in Deutschland eingesetzte Dampflok. Obwohl die Schadanfälligkeit der Maschine erheblich zunahm, konnte der Erzgebirgische Steinkohlen-Actienverein, der nach dem Zweiten Weltkrieg enteignet und im VEB Steinkohlenwerk Zwickau aufging, auch in den folgenden Jahrzehnten auf die »Muldenthal« noch nicht verzichten. Im Herbst 1946 erhielt die »Muldenthal« ihre letzte Hauptuntersuchung. 1951 gab der VEB Steinkohlenwerk Zwickau zwar noch eine neue Feuerbüchse für die »Muldenthal« in Auftrag, verzichtete jedoch aus Kostengründen auf eine erneute Instandsetzung der Maschine und stellte sie im Frühjahr 1952 nach Ablauf der Fristen ab.

Zu diesem Zeitpunkt begann die DR mit den Vorbereitungen für den Aufbau des Verkehrsmuseums Dresden.

Als älteste Lok in der DDR und drittälteste Dampflok Deutschlands war die »Muldenthal« unbedingt erhaltungswürdig. 1953 wurde die Maschine übernommen und 1955 im Raw Engelsdorf als Museumsstück aufgearbeitet. Im Juni 1956 wurde die »Muldenthal« schließlich im Verkehrsmuseum Dresden aufgestellt.

Sachsens Glanz – die »Saxonia«

Bauart		B1n2
Länge über Puffer	mm	5.400
Höchstgeschwindigkeit v/r	km/h	40/40
Zylinderdurchmesser	mm	279
Kolbenhub	mm	406
Treib- und Kuppelraddurchmesser	mm	1.524
Laufraddurchmesser h	mm	990
Kesselüberdruck	kp/cm^2	6
Rostfläche	m^2	0,56
Verdampfungsheizfläche	m^2	31
Leistung	PS	ca. 150

Der sächsische Professor Johann Andreas Schubert (1808–1870) entwickelte die erste regelspurige Dampflok in Deutschland. Diese wurde schließlich 1838/39 beim Actien-Maschinenbau-Verein Uebigau bei Dresden unter der Regie von Schubert gefertigt. Dabei wurden ausschließlich Materialien aus heimischer Produktion verwendet. Obwohl die von Schubert geschaffene »Saxonia« im Vergleich zu den bisher bekannten englischen Dampfloks zahlreiche technische Neuerungen besaß, wie zum Beispiel einen Kipprost, einen Speisewasservorwärmer und eine Bandbremse, stand das Direktorium der Leipzig-Dresdener Eisenbahn (LDE) der Konstruktion des sächsischen Professors ablehnend gegenüber. Erst nach langwierigen Verhandlungen erwarb die LDE schließlich die »Saxonia«, die aber keinen der Eröffnungszüge der LDE 1839 bespannen durfte. Die Maschine fuhr allein hinter den Sonderzügen her und wurde dabei von ihrem Schöpfer selbst bedient. Bis 1856 stand die »Saxonia« erfolgreich in Diensten der LDE.

In Vorbereitung des 150-jährigen Jubiläums der ersten deutschen Fernbahn Leipzig–Dresden rief die Deutsche Reichsbahn (DR) im Herbst 1985 eine Arbeitsgruppe ins Leben, die mit dem Nachbau der »Saxonia« beauftragt wurde. Die Federführung dabei oblag dem Reichsbahnausbesserungswerk (Raw) Halle (Saale). An der Fertigung der Baugruppen waren verschiedene Dienststellen der DR beteiligt. Der Kessel für den Nachbau stammte hingegen vom VEB Dampfkesselbau Uebigau. Am 1. Oktober 1988 absolvierte die neue »Saxonia« ihre ersten Fahrten in Halle. Die Abnahme erfolgte schließlich am 12. Januar 1989, und am 8. April 1989 eröffnete der Nachbau die große Fahrzeugparade im Bahnhof Riesa. Die Maschine gehört seither zum Bestand des Verkehrsmuseums Dresden und wird im ehemaligen Bahnbetriebswerk (Bw) Leipzig Hbf Süd betreut.

Der Nachbau der »Saxonia« entstand 1987/88 im Raw Halle (Saale) anlässlich des 150-jährigen Jubiläums der Strecke Leipzig–Dresden.

Bayerns schnellste Dampflok – die Baureihe 15^0
(ex bayerische S 2/6)

Bauart		1´B2´h4v
Betriebsgattung		S 26.16
Länge über Puffer (Tender bay 2´2 T 26)	mm	21.182
Höchstgeschwindigkeit v/r	km/h	150/50
Zylinderdurchmesser HD/ND	mm	410/610
Kolbenhub	mm	640
Treib- und Kuppelraddurchmesser	mm	2.200
Laufraddurchmesser v/h	mm	1.006/1.006
Kesselüberdruck	kp/cm^2	14
Rostfläche	m^2	4,71
Verdampfungsheizfläche	m^2	214,5
Brennstoffvorrat	t	8
Wasserkasteninhalt	m^3	26

Anfang des 20. Jahrhunderts brach bei den deutschen Länderbahnen ein regelrechter Wettlauf um Geschwindigkeitsrekorde aus. Nach Schnellfahrversuchen der Badischen Staatsbahnen, bei denen eine Lok der Gattung II d im Jahr 1904 eine Geschwindigkeit von 144 km/h erreichte, und der Preußischen Staatsbahn mit einer Maschine der Gattung S 9 (137 km/h) sah sich die Bayerische Staatsbahn zum Handeln gezwungen. Sie beauftragte die Firma Maffei 1905 mit der Entwicklung und dem Bau einer entsprechenden Dampflok für hohe Geschwindigkeiten. Nach nur vier Monaten legten die Münchner Ingenieure den Entwurf für eine 2´B2´h4v-Maschine vor, der die Zustimmung der Bayerischen Staatsbahn fand. Binnen weniger Monate fertige die Firma Maffei das Einzelstück, das am 3. Mai 1906 abgeliefert wurde. Die Abnahme erfolgte am 6. Mai 1907. Die als S 2/6 eingereihte Maschine trug die Betriebsnummer 3201. Anschließend wurde die Lok auf der Nürnberger Verkehrsausstellung der Öffentlichkeit präsentiert. Die S 2/6 war mit ihrem Barrenrahmen und dem Rauchrohrüberhitzer der Bauart Schmidt eine sehr moderne Lok.

Zu Verringerung des Luftwiderstandes besaßen Führerhaus, Rauchkammertür, sowie die Dom- und Zylinderverkleidung so genannte Windschneiden.

Die Bayerische Staatsbahn wies die S 2/6 der Betriebswerkstätte München I zu, die die Lok ab Juli 1907 zu Versuchsfahrten auf der Hauptbahn München–Augsburg einsetzte. Dabei erreichte sie mit einem 150 t schweren Zug die Rekord-Geschwindigkeit von 154,5 km/h. Anschließend verblieb die Lok in München, wo sie aber nur kurze Zeit im hochwertigen Reisezugdienst Verwendung fand. Bereits im Herbst 1910 versetzte die Bayerische Staatsbahn ihre einstige Vorzeige-Maschine zur Betriebswerkstätte Ludwigshafen, wo sie Schnellzüge auf den Strecken nach Bingerbrück und Straßburg bespannte. 1922 kehrte die Lok nach Bayern zurück, bevor sie Mitte der 1920er-Jahre den Dienst quittierte. Die von der Deutschen Reichsbahn-Gesellschaft (DRG) vorgesehene Betriebsnummer 15 001 erhielt sie nicht mehr, da die Ausmusterung bereits beschlossen war. Anschließend wurde sie als Schaustück dem Verkehrsmuseum Nürnberg übereignet, wo sie noch heute bewundert werden kann.

Die bayerische S 2/6 blieb ein Einzelstück. Bereits 1925 wurde die Maschine ausgemustert und dem Verkehrsmuseum Nürnberg als Schaustück übergeben.

Die »Micky-Mäuse« – die Baureihe 60
(ex Lübeck-Büchner Eisenbahn)

		60 001, 002	60 003
Bauart		1'B 1'h2t	1'B 1'h2t
Betriebsgattung		St 24.18	St 24.19
Länge über Puffer	mm	12.380	12.380
Höchstgeschwindigkeit v/r	km/h	120/120	120/120
Zylinderdurchmesser	mm	400	400
Kolbenhub	mm	660	660
Treib- und Kuppelraddurchmesser	mm	1.980	1.980
Laufraddurchmesser v/h	mm	1.000/1.000	1.000/1.000
Kesselüberdruck	kp/cm²	16	16
Rostfläche	m²	1,40	1,58
Verdampfungsheizfläche	m²	75,37	87,36
Brennstoffvorrat	t	3,5	3,5
Wasserkasteninhalt	m³	9,25	10,60

Die Lübeck-Büchner Eisenbahn (LBE) war mit einer Streckenlänge von etwa 160 Kilometern die größte Privatbahn in Deutschland. Neben der am 15. Oktober 1851 eröffneten Stammstrecke betrieb die LBE die Hauptbahnen Hamburg–Lübeck und Lübeck–Travemünde–Niendorf. Seit Mitte der 1920er-Jahre verzeichnete die LBE vor allem im Personenverkehr einen erheblichen Rückgang der Beförderungsleistungen. Um diesen Trend zu stoppen, setzte die LBE ab 1935 ein groß angelegtes Modernisierungsprogramm um. Dessen Kernstück war ein Personenschnellverkehr auf der Relation Hamburg–Lübeck–Travemünde. Die LBE entwickelte dafür in Zusammenarbeit mit den Firmen Henschel & Sohn, Linke-Hofmann-Busch und der Waggon- und Maschinenbau AG Görlitz einen leichten Doppelstockzug mit 300 Sitzplätzen, der

Für den Schnellverkehr zwischen Hamburg und Travemünde beschaffte die LBE insgesamt drei stromlinienverkleidete Tenderloks. Dazu gehörte auch Lok 2.

die 84 Kilometer lange Strecke Hamburg–Travemünde in einer Stunde zurücklegen sollte. Die Firma Henschel & Sohn lieferte für diesen Doppelstockzug 1936 zwei 1'B1'h2-Tenderloks.

Die 120 km/h schnellen Maschinen besaßen eine Stromlinienverkleidung und eine Wendezugsteuerung. Damit konnte an den Endbahnhöfen das Umsetzen der Lok entfallen. Im Schiebebetrieb saß der Lokführer im Steuerabteil und betätige den Regler mit Hilfe einer elektrischen Fernbedienung. Der auf der Lok verbleibende Heizer hatte für den notwendigen Dampf zu sorgen und die Steuerung zu betätigen. Lokführer und Heizer verständigten sich dabei über Klingelzeichen. Die beiden Tenderloks bestachen durch ihr Beschleunigungsvermögen und ihre Laufruhe. Die grau lackierte Stromlinienverkleidung brachte den Loks den Spitznamen »Micky-Mäuse« ein. 1937 stellte die LBE eine dritte Maschine in Dienst, deren Kessel und deren Vorräte etwas größer waren.Nach der Übernahme der LBE durch die Deutsche Reichsbahn (DRB) am 1. Januar 1938 wurden die drei Maschinen als Baureihe 60 bezeichnet. Nach dem Beginn des Zweiten Weltkriegs stellte die DRB den Schnellverkehr ein. Während 60 001 bereits 1942 ausgemustert wurde, verblieben die beiden anderen nach Kriegsende bei der Deutschen Reichsbahn (DR) in der DDR. Dort wurde 60 003 im Frühjahr 1954 ausgemustert. 60 002 hatte hingegen erst 1962 ausgedient und wurde 1967 verschrottet.

Die Brückenprobelok – die Reihe 12
(ÖBB-Reihe 69)

Bauart		1A1n2t
Länge über Puffer	mm	7.927
Höchstgeschwindigkeit v/r	km/h	80/80
Zylinderdurchmesser	mm	345
Kolbenhub	mm	480
Treib- und Kuppelraddurchmesser	mm	1.450
Laufraddurchmesser v/h	mm	870/870
Kesselüberdruck	kp/cm^2	11
Rostfläche	m^2	1,04
Verdampfungsheizfläche	m^2	53,55
Brennstoffvorrat	t	1,2
Wasserkasteninhalt	m^3	4,0

Die Österreichischen Bundesbahnen (BBÖ) benötigten Anfang der 1930er-Jahre kleine, aber leistungsfähige Tenderlokomotiven für den Einsatz im Nahschnellverkehr. Um Kosten zu sparen, beschlossen die BBÖ, in der Bahnwerkstätte Floridsdorf eine dreifachgekuppelte Tenderlok der Reihe 97 in eine leichte 1A1n2t-Maschine umzubauen. Der alten Dreikuppler wurde mit einem geänderten Rahmen und einem neuen Laufwerk ausgerüstet. In Anbetracht der geforderten Höchstgeschwindigkeit von 80 km/h wurde die Umbaulok mit einer 1.450 mm großen Treibachse ausgerüstet. Das Triebwerk, die Steuerung und der Kessel wurden unverändert übernommen. Um Personalkosten einzusparen, wurde die Umbau-Maschine der Reihe 12 zunächst mit einer Ölhauptfeuerung versehen. Später wurde die Lok auf Rostfeuerung rückgebaut. Binnen weniger Monate hatte die Bahnwerkstätte Floridsdorf den Prototypen der Reihe 12 fertiggestellt. Bei den anschließenden Probefahrten erreichte die 12.01 problemlos mit einem 50 t schweren Salonwagen eine Höchstgeschwindigkeit von 90 km/h. Damit erfüllte die Maschine die Leistungsanforderungen der ÖBB, die 1937 eine zweite Tenderlok der Reihe 97 umbauen ließen. Weitere Umbauten unterblieben aber, weil die neuen Dampftriebwagen der Reihe DT 1 (siehe S. 19) die Aufgaben der Reihe 12 übernahmen. Die beiden 1A1n2t-Loks waren zunächst im Heizhaus St. Veit an der Glan stationiert, später wurden sie von Wien und Graz aus eingesetzt. Die Deutsche Reichsbahn (DRG) reihte die beiden Tenderloks 1938 als 69 001 und 69 002 in ihren Bestand ein. Lediglich 69 002 überstand den Zweiten Weltkrieg und wurde von den Österreichischen Bundesbahnen (ÖBB) als Brückenprobelok (69.02) umgebaut und der Zugförderungsleitung Wien Franz-Josefs-Bahn zugewiesen. Gelegentlich wurde sie mit Triebwagenanhängern für Sonderfahrten genutzt. 1964 hatte die 69.02 schließlich ausgedient. Sie blieb jedoch als Museumsstück erhalten.

Die beiden 1A1-Tenderloks der Reihe 12 entstanden 1934/34 durch den Umbau zweier 1898 gebauter Cn2t-Maschinen der Reihe 97. Die DRB gab den Umbauloks die Baureihen-Nummer 69^0.

Die Zeitungsloks – die Reihe 112

Bauart		1A1'n2vt
Länge über Puffer	mm	7.550
Höchstgeschwindigkeit v/r	km/h	75/75
Zylinderdurchmesser HD/ND	mm	260/400
Kolbenhub	mm	550
Treib- und Kuppelraddurchmesser	mm	1.450
Laufraddurchmesser v/h	mm	870/870
Kesselüberdruck	kp/cm^2	15
Rostfläche	m^2	1,03
Verdampfungsheizfläche	m^2	44,8
Brennstoffvorrat	t	1,36
Wasserkasteninhalt	m^3	3,0

Anfang der 20. Jahrhunderts planten die kaiserlich-königlichen österreichischen Staatsbahnen (kkStB) den Aufbau eines schnellen Zubringerverkehrs zwischen bestimmten Schnellzug-Bahnhöfen. Dazu war der Einsatz leichter, aus bis zu vier Wagen bestehender Eilzüge geplant. Für diesen Zwecke entwickelte der Leiter des Konstruktionsbüros der kkStB, Karl Gölsdorf (1861–1916), eine leichte 1A1'-Tenderlok mit einem Zweizylinder-Verbundtriebwerk. Dabei legten die kkStB größten Wert auf Sparsamkeit. Aus diesem Grund hatte Gölsdorf die als Reihe 112 bezeichnete Tenderlok zunächst mit einem kleinen Rauchkammer-Überhitzer ausgerüstet, der jedoch später wieder entfernt wurde. 1907 lieferte die Firma Krauss in Linz die beiden bestellten Baumuster an die kkStB ab. Allerdings setzten die kkStB die beiden spurtstarken Tenderloks nicht wie eigentlich geplant im regionalen Schnellverkehr ein. Die Reihe 112 war nun für die Beförderung von Postzügen, die vornehmlich Zeitungen transportierten, zwischen Wien und Linz im Einsatz. Ab 1928 machten sich die beiden leichten Tenderloks vor Pendelzügen im Wiener Umland zwischen Hütteldorf und Unterpunkersdorf nützlich. Dabei liefen die zumeist in der Zugförderungsleitung Wien West beheimateten Loks immer in der Zugmitte. Die Deutsche Reichsbahn (DRB) gab den beiden Maschinen 1938 die Betriebsnummern 69 011 und 69 012. Zu diesem Zeitpunkt war aber nur noch die 69 011 betriebsfähig. Sie wurde als letzte ihrer Gattung schließlich 1942 ausgemustert.

Die beiden Tenderloks der Reihe 112 waren Einzelgänger im Fahrzeugpark der ÖBB. Bereits 1942 wurde die 112.01 (DRB 69 011) als letzte ihrer Gattung ausgemustert.

Klein und schier unverwüstlich – die Baureihe 98.70
(ex sächsische VII T)

Für den Rangierdienst und leichte Züge auf Nebenbahnen benötigten die Königlich Sächsischen Staatseisenbahnen (K.Sächs.Sts.E.B.) Anfang der 1880er-Jahre eine neue Lok. Deshalb beauftragten sie die Sächsische Maschinenfabrik AG (SMF), vormals Richard Hartmann, in Chemnitz mit der Entwicklung einer robusten, zweifachgekuppelten Nassdampftenderlok, deren erste sieben Exemplare 1882 in Dienst gestellt wurden. Der Bau der kleinen Maschinen erstreckte sich bis 1894. Typisch für die Tenderlokomotiven waren der Regleraufsatz auf dem vorderen Kesselschuss, von dem die Einströmrohre über den Kessel zu den Zylindern verliefen, und der hintere kleine Dampfdom, der das Sicherheitsventil der Bauart Ramsbottom trug. Der 8 mm starke, genietete Blechrahmen war als Wasserkasten ausgebildet. Die Kohlen lagerten in zwei kleinen Vorratsbehältern links und rechts vor dem Führerhaus.

Die K.Sächs.Sts.E.B. reihten die Maschinen als Gattung VII T in ihren Fahrzeugpark ein. Im Betriebsdienst erwiesen sich die Tenderlokomotiven als einfach in der Unterhaltung, robust und sehr langlebig. Die Deutsche Reichsbahn-Gesellschaft (DRG) zeichnete 1925 noch 28 Exemplare der Gattung VII T zur Baureihe 98.70 um. Zwar lichteten sich die Reihen in den 1930er-Jahren, doch als Verschublok in Bahnbetriebs- und Reichsbahnausbesserungswerken fanden die Maschinen noch lange Zeit ein Auskommen. Immerhin zehn Exemplare gehörten im Sommer 1950 noch zum Bestand der Deutschen Reichsbahn (DR). Erst im Sommer 1964 wurde die letzte Maschine der Baureihe 98.70 abgestellt. 98 7056 blieb erhalten und wurden 1967 für das Verkehrsmuseum Dresden als Bahn-Nr. 1432 / VII T weitgehend in den Ursprungszustand zurückversetzt.

Bauart		**Bn2t**
Länge über Puffer	mm	7.878
Höchstgeschwindigkeit (v/h)	km/h	40 / 40
Zylinderdurchmesser	mm	300
Kolbenhub	mm	533
Treib- und Kuppelraddurchmesser	mm	1.130
Kesselüberdruck	kp/cm^2	12
Rostfläche	m^2	0,87
Verdampfungsheizfläche	m^2	43,5
Brennstoffvorrat	t	1,1
Wasserkasteninhalt	m3	2,85

Als Museumsstück blieb die ehemalige Bahn-Nr. 1431 der K.Sächs. Sts.E.B. (DRG: 98 7056) erhalten.

Österreichs Dampftriebwagen – die Reihe DT 1
(ÖBB-Reihe 3071)

Anfang der 1930er-Jahre hatten die Österreichischen Bundesbahnen (BBÖ) mit rückläufigen Beförderungsleistungen auf ihren Nebenbahn zu kämpfen. Um auch weiterhin einen Kosten deckenden Betrieb ermöglichen zu können, beschlossen die BBÖ die Entwicklung eines völlig neuartigen Fahrzeuges – einer Mischung aus Dampflok und Dampftriebwagen. Im Hinblick auf eine deutliche Verringerung der Betriebskosten sollte das als DT 1 bezeichnete Fahrzeug für den Einmann-Betrieb ausgelegt sein sowie einen Arbeitsplatz für den Zugführer und ein Gepäckabteil besitzen.

Türen in der Stirnwand und Klappbrücken an den Fahrzeugenden sollten den Zugang zum Zug ermöglichen. Weitere Neuerungen des DT 1 waren eine Ölhauptfeuerung und ein Mischvorwärmer der Bauart Heinl. Bereits 1935 lieferte die Wiener Lokomotivfabrik Floridsdorf die beiden Baumuster an die BBÖ. Bis zum Jahresende folgten noch weitere acht

Bauart		**1'B1'h2t**
Länge über Puffer	mm	11.200
Höchstgeschwindigkeit v/r	km/h	100/100
Zylinderdurchmesser	mm	290
Kolbenhub	mm	570
Treib- und Kuppelraddurchmesser	mm	1.450
Laufraddurchmesser v/h	mm	870/870
Kesselüberdruck	kp/cm^2	16
Rostfläche	m^2	0,83
Verdampfungsheizfläche	m^2	42,13
Brennstoffvorrat	t	2,56 [1]
Wasserkasteninhalt	m^3	6,6 [2]
Leistung	PS	400

Anmerkungen:
1) DT 1.01 und DT 1.02 ursprünglich Ölhaup feuerung, nach Umbau auf Rostfeuerung 1,76 t
2) bei DT 1.01 und DT 1.02 ursprünglich 4,7 m^3, später auf 6,0 m^3 vergrößert

Die Maschinen der Reihe DT 1 (DRB-Baureihe 71^5) waren eine Mischung aus Dampflok und Triebwagen. Die Type bewährte sich sehr gut in Österreich und war bis 1968 im Einsatz.

Exemplare, die sich aber durch eine Rostfeuerung anstelle der zunächst verwendeten Ölhauptfeuerung, einen größeren Wasservorrat, einen breiteren Gepäckraum und eine anders gestaltete Verkleidung von den Prototypen unterschieden. Auch die geplante Einmann-Bedienung des DT 1 wurde aus Sicherheitsgründen wieder aufgegeben. Bei den Probefahrten bestach der DT 1 durch seine Leistung und seine hervorragenden Laufeigenschaften. Bei Schnellfahrversuchen erreichte der Dampftriebwagen stolze 134 km/h. Er war damit nach der Reihe 214 das zweitschnellste Dampf-Triebfahrzeug in Österreich. Bis 1938 stellten die BBÖ insgesamt 20 Exemplare des DT 1 in Dienst, die von der Deutschen Reichsbahn (DRB) als Baureihe 715 übernommen wurden. Nach dem Zweiten Weltkrieg verblieben 18 Fahrzeuge bei den neugegründeten Österreichischen Bundesbahnen (ÖBB), die die Dampftriebwagen fortan als Reihe 3071 bezeichnete. Haupteinsatzgebiete der Reihe 3071 waren die Strecke Wien–Linz, die Nebenbahnen im Waldviertel und die Aspangbahn. 1968 musterten die ÖBB die Dampftriebwagen aus. 3071.07 blieb als Schaustück für das Technische Museum in Wien erhalten.

Klettermaxe – die Reihen Z und Zz
(ÖBB-Reihe 999)

Bauart		B1´n2zt
Länge über Puffer	mm	4.545
Höchstgeschwindigkeit v/r	km/h	12 1)
Zylinderdurchmesser	mm	320
Kolbenhub	mm	600
Treib- und Kuppelraddurchmesser	mm	706
Laufraddurchmesser h	mm	520
Kesselüberdruck	kp/cm^2	14
Rostfläche	m^2	0,9
Verdampfungsheizfläche	m^2	35,12
Brennstoffvorrat	t	0,6
Wasserkasteninhalt	m^3	1,2

Anmerkung: 1) bei Bergfahrt; bei Talfahrt nur 7 km/h

Bis heute betreiben die Österreichischen Bundesbahnen (ÖBB) zwei meterspurige Zahnradbahnen: die am 1. August 1893 eröffnete Schafbergbahn und die am 25. September 1897 in Betrieb genommene Schneebergbahn. Die 5,86 km lange Schafbergbahn verbindet mit einer Maximalsteigung von bis zu 200 Promille St. Wolfgang mit der 1.783 m ü. NN hohen Schafbergspitze. Die Schneebergbahn ist hingegen 9,75 km lang und hat eine Maximalsteigung von 225 Promille. Sie ermöglicht von Puchberg aus die Fahrt hinauf zum 2.021 m ü. NN hohen Hochschneeberg. Beide Bahnen besitzen eine doppelte Abt´sche Zahnstange. Für die Schneebergbahn entwickelte die Lokomotivfabrik Krauss in Linz Ende des 19. Jahrhunderts eine zugstarke B1´n2-Zahnradtenderlok, deren erste Exemplare 1893 in Dienst gestellt wurden. Bis 1894 lieferte die Firma Krauss insgesamt sechs Maschinen.

Für die Schneebergbahn in Niederösterreich griffen die Ingenieure von Krauss einige Jahre später auf die bewährte Konstruktion zurück. Die fünf zwischen 1897 und 1900 beschafften Loks der Schneebergbahn unterschieden sich von denen der Schafbergbahn lediglich durch den unterschiedlichen Neigungswinkel zwischen dem Kessel und dem Rahmen.

1932 musste die Schafbergbahn aufgrund wirtschaftlicher Probleme die eigene Betriebsführung aufgeben. Diese oblag fortan den Österreichischen Bundesbahnen, die 1937 auch die Schneebergbahn übernahmen. Die Zahnradloks wurden dabei zu den Reihen Z (ex Schneebergbahn) und Zz (Schafbergbahn) umgezeichnet. Die Deutsche Reichsbahn (DRB) gab den schmalspurigen Zahnradloks schließlich die Betriebsnummern 99 7301 bis 99 7305 (ex Reihe Zz) und 99 7306 bis 99 7311 (ex Reihe Z). Seit 1953 tragen die Maschinen die Nummern 999.01 bis 999.05 und 999.101 und 999.106. Die ÖBB ließ alle Zahnradloks der Reihe 999 mit einem Giesl-Flachejektor ausrüsten. Auch nach über 100 Jahren bringen die Maschinen noch immer Jahr für Jahr unzählige Touristen auf den Schaf- und den Hochschneeberg.

Zu den ältesten Dampfloks in Österreich zählen die Zahnradmaschinen für die Schneebergbahn (Reihe Z) und die Schafbergbahn (Reihe Zz). Die Z2 (ex ÖBB 999.02) wurde 1897 von Krauss in Linz gebaut und ist noch immer im Einsatz.

Schnelle Lok für leichte Züge – die Serie 12
(Belgien)

Bauart		2´B1´h4
Länge über Puffer	mm	20.058
Zylinderdurchmesser	mm	480
Kolbenhub	mm	720
Treib- und Kuppelraddurchmesser	mm	2.100
Kesselüberdruck	kp/cm^2	18
Verdampfungsheizfläche	m^2	161,0
Rostfläche	m^2	3,7
Brennstoffvorrat	t	8,0
Wasserkasteninhalt	m^3	24

Die Serie 12 der SNCB wurde für den leichten Eil- und Schnellzugdienst entwickelt.

Bereits ab 1910 gingen die meisten Eisenbahn-Gesellschaften in Europa dazu über, für den schweren Schnellzugdienst drei- oder vierfach gekuppelte Dampfloks zu beschaffen. Die noch vorhandenen Zweikuppler wurden meist bis zu ihrer Ausmusterung in untergeordneten Diensten oder vor leichteren Zügen eingesetzt. Später bespannte man auch leichte Eil- und Schnellzüge mit schweren Drei- oder Vierkupplern. Dies erwies sich aber in den 1930er-Jahre, als alle Bahngesellschaften ihre Betriebskosten deutlich verringern mussten, als höchst unwirtschaftlich, da die Aufwendungen pro Sitzplatz erheblich höher waren. Angesichts dieser Tatsachen gingen nun einzelne Unternehmen dazu über, für den leichten Eil- und Schnellzugdienst spezielle Maschinen zu entwickeln. Dies war in Deutschland zum Beispiel bei der Lübeck-Büchner Eisenbahn mit den »Micky-Mäusen« (siehe Seite 15) der Fall. Auch die »Nationale Gesellschaft der belgischen Eisenbahn« (SNCB) beschritt diesen Weg.

Sie entwickelte in Zusammenarbeit mit der Firma Cockerill in Seraing eine schwere stromlinienverkleidete 2´B1´h2-Schlepptenderlok, von der 1939 insgesamt sechs Exemplare geliefert wurden. Die als Serie 12 bezeichneten Maschinen bestachen durch ihren sehr leistungsfähigen und für einen Druck von 18 kp/cm^2 zugelassenen Kessel, der mit einem Doppelblasrohr der Bauart Kylchap ausgerüstet war. Im Hinblick auf geringe Zuckbewegungen und ein gleichförmigeres Drehmoment erhielt die Serie 12 das für die SNCB typische Vierzylinder-Triebwerk. Die SNCB ließ vier Maschinen der Serie 12 mit einer herkömmlichen Heusinger-Steuerung sowie jeweils eine Lok mit Ventilsteuerungen der Bauarten Caprotti und Dabeg ausrüsten. Vor leichten Eil- und Schnellzügen war die Serie 12 bis in die 1960er-Jahre hinein bei der SNCB im Einsatz.

Die schnelle »Ungarin« – die Reihe 242
(Ungarn)

Bauart		2'B2'h2t
Länge über Puffer	mm	14.275
Höchstgeschwindigkeit v/r	km/h	120/120
Treib- und Kuppelraddurchmesser	mm	2.000
Laufraddurchmesser v/h	mm	1.040/1.040
Kesselüberdruck	kp/cm^2	18
Brennstoffvorrat	t	4
Wasserkasteninhalt	m^3	9,3
Leistung	PS	770

Mitte der 1930er-Jahre beauftragten die Ungarischen Staatseisenbahnen (MAV) die Ungarische Staatliche Eisen-, Stahl- und Maschinenfabrik (MAVAG) in Budapest mit der Entwicklung einer leichten Stromlinien-Tenderlok. Diese sollte in der Lage sein, einen 120 bis 140 t schweren Schnellzug in der Ebene mit 120 km/h zu befördern. Bereits nach wenigen Monaten legte der Chefkonstrukteur der MAVAG, Alfred Falk, die gewünschten Baupläne der als Reihe 242 bezeichneten Schnellzug-Tenderlok vor. Schon im Frühsommer 1936 lieferte die MAVAG die ersten beiden Baumuster an die MAV, die die Maschinen anschließend auf der Strecke Budapest–Miskolc erprobten. Die Maschinen überzeugten dabei durch ihre sehr gute Leistung und ihre hervorragenden Laufeigenschaften. Bei Schnellfahrversuchen erreichte die Reihe 242 Geschwindigkeiten von bis zu 150 km/h. Im Rahmen dieser Erprobung verschlug es 242.002 im Sommer 1936 für einige Wochen nach Deutschland. Hier wurde die Maschine im Auftrag der MAV von der Lokomotiv-Versuchsabteilung (LVA) Grunewald der Deutschen Reichsbahn-Gesellschaft (DRG) auf den Strecken Berlin–Magdeburg und Berlin–Hamburg gründlich messtechnisch untersucht. Die Versuchsingenieure der DRG ermittelten bei ihren Tests bei einer Heizflächenbelastung von 50 kg/m2h eine Leistung von rund 770 PS. Vor einem 200 t schweren Versuchszug erreichte die 242.002 eine Höchstgeschwindigkeit von 137 km/h.

Nach der Endabnahme der beiden Baumuster setzten die MAV die Reihe 242 ab dem Frühjahr 1937 planmäßig im Schnellzugdienst zwischen Budapest und Miskolc ein. Ab 1940 wurde der Bestand der Reihe 242 durch zwei weitere Exemplare verstärkt. Nach dem Zweiten Weltkrieg verblieben den MAV zunächst nur die 242.003. Die anderen Loks hatte es nach Bayern und Böhmen verschlagen. Erst 1948 kamen die Maschinen nach Ungarn zurück. Ab 1955 gehörten alle vier 242er zum Bestand des Depots Püspökladany in Ostungarn. Dort wurden sie schließlich in den Jahren 1964/65 ausgemustert. 242.001 blieb als Denkmal in Püspökladany erhalten. Im Jahr 2002 ließen die MAV die letzte Stromlinien-Tenderlok Europas betriebsfähig aufarbeiten. Sie gehört seither zum Bestand des Ungarischen Eisenbahnmuseums in Budapest.

Die MAV beschafften insgesamt sechs Stromlinien-Tenderloks der Reihe 242. Erst 1965 wurden die letzten von ihnen ausgemustert.

In Preußen allgegenwärtig – die Baureihe 13^0

(ex preußische S 3)

		130	1318
Bauart		2´Bn2v	2´Bn2v
Betriebsgattung		S 24.15	S 24.15
Länge ü. Puffer (Tender pr 2´2´ T 21,5)	mm	17.561	17.461[1)]
Höchstgeschwindigkeit v/r	km/h	100/50	95/50
Zylinderdurchmesser (HD/ND)	mm	460/680	460/680
Kolbenhub	mm	600	600
Treib- und Kuppelraddurchmesser	mm	1.980	1.980
Laufraddurchmesser v	mm	1.000	1.000
Kesselüberdruck	kp/cm²	12	12
Rostfläche	m²	2,32	2,27
Verdampfungsheizfläche	m²	117,70	119,35
Brennstoffvorrat	t	6,5	5
Wasserkasteninhalt	m³	21,5	20

Anmerkungen: 1) mit Tender old 2´2´ T 20

Für den schweren Schnellzugdienst brauchte die Preußische Staatsbahn um das Jahr 1890 dringend neue leistungsfähige Lokomotiven. Die vorhandenen Maschinen hatten aufgrund der verkürzten Fahrzeiten, der verlängerten Fahrtstrecken und der neu eingerührten vierachsigen Schnellzug-Wagen ihre Leistungsgrenze erreicht. Obwohl die Direktionen Erfurt und Hannover bereits 1891 ihre ersten 2´Bn2v- und 2´Bn2-Maschinen erhielten, entspannte dies noch nicht die schwierige Lage im Betriebsdienst. Erst nachdem die Preußische Staatsbahn in ihren Bahnbetriebswerken die bisherigen 13-Meter-Drehscheiben gegen solche mit 16 Meter Bühnenlänge getauscht hatte, war es möglich, Lokomotiven mit deutlich größeren Kesseln und mehr Leistung zu entwerfen und bauen zu lassen. Größere Achsstände verbesserten die Laufeigenschaften. Im Jahr 1893 konnte die Preußische Staatsbahn endlich ihre erste S 3 in Dienst stellen. Bis 1904 lieferten verschiedene Lokfabriken insgesamt 1.027 Exemplare dieser Gattung. Mit dieser Anzahl war die S 3 nicht nur *die* preußische Schnellzuglok schlechthin, sondern die meistgebaute deutsche Schnellzuglok überhaupt. Die Deutsche Reichsbahn-Gesellschaft (DRG) übernahm 1925 noch 28 Maschinen, die aber bis 1929 ausgemustert wurden.

Die elsässische Lokomotivfabrik Graffenstaden lieferte 1899 die S 3 FRANKFURT 247 mit der Fabriknummer 4858 an die Preußische Staatsbahn.

Die Oldenburgische Staatsbahn griff ebenfalls auf die S 3 zurück, als sie Anfang des 20. Jahrhunderts für ihren Schnellzugdienst auf der Strecke Wilhelmshaven–Oldenburg die bislang verwendeten Personenzugmaschinen ersetzen musste. Die Oldenburger verzichteten auf eine eigene Konstruktion und orderten in den Jahren 1903 und 1904 sechs preußische S 3, die sie jedoch mit einem Dampftrockner der Bauart Ranafier und einer Rauchverbrennung der Bauart Staby ausrüsten ließen. Die DRG reihte die sechs Loks 1925 als 13 1801–1806 in ihren Bestand ein, musterte sie jedoch im Jahr darauf aus.

Die Vielfältigen – die Achsfolge C

Ihre Bauarten besaßen klangvolle Namen wie »Mogul, »Prairie« oder »Adriatic«. Drei Kuppelachsen machten die Dampfloks schneller und leistungsfähiger, sodass sie überall in großer Stückzahl gebaut wurden. In den 1930er-Jahren fuhren Maschinen, wie die Baureihe 05 und die britische Class A4, sogar Weltrekorde. Doch Dreikuppler bewährten sich auch auf Nebenbahnen und im Rangierdienst. Eine Bauart erwies sich im Schnellzugdienst als besonders leistungsfähig und erfolgreich: die »Pacifics« mit der Achsfolge 2'C'1.

Der Inbegriff der Einheitslok – die Baureihe 01

Bis heute ist die Baureihe 01 die bekannteste deutsche Schnellzug-Dampflok. Ihre Geschichte begann Anfang der 1920er-Jahre. Nach der Übernahme der Länderbahnen durch das Deutsche Reich zum 1. April 1920 bestand dringender Bedarf an einer neuen, leistungsstarken Schnellzugmaschine. Die mangelnde Unterhaltung während des Ersten Weltkriegs und die Abgaben von Loks an die Siegermächte hatten bei der Deutschen Reichsbahn zu einem Fahrzeugengpass geführt.

Den zunächst erwogenen Nachbau bewährter Länderbahn-Konstruktionen verwarf die Reichsbahn, da die meisten Gattungen veraltet waren und sich mit ihnen nicht die angestrebte Normung und Typisierung umsetzen ließ. Aus diesem Grund entwickelte die Reichsbahn eine völlig neue Typenreihe – die Einheitslokomotiven. Nachdem bereits 1922 die ersten Entwürfe vorlagen, schufen die Reichsbahn und die deutschen Lokomotivfabriken im Herbst 1922 das »Vereinheitlichungsbüro« (VB), das die Entwicklung der neuen Einheitsloks erledigte. Bereits 1923 legte das VB seinen ersten Typenplan vor, der auch zwei schwere 2´C1´-Schnellzugloks enthielt, die sich nur im Triebwerk voneinander unterschieden. Bei der Reichsbahn bestand zu diesem Zeitpunkt noch Unklarheit darüber, ob das Vierzylinderverbund- oder das Zweizylinder-Triebwerk wirtschaftlicher war. Die Frage sollte anhand von Versuchsfahrten geklärt werden. Aus diesem Grund gab die Reichsbahn jeweils zehn Maschinen der Baureihen 01 (2´C 1´h2) und 02 (2´C 1´h4v) in Auftrag, die 1925/26 in Dienst gestellt wurden. Anschließend untersuchte die Lokomotiv-Versuchsabteilung (LVA) Grunewald beide Gattungen. Dabei zeigte sich, dass die Baureihe 01 der Baureihe 02 überlegen war. Aus diesem Grund plädierte der zuständige Bauart-Dezernent, Richard-Paul Wagner (1882–1953), für die Weiterbeschaffung der Baureihe 01. Wagner bestimmte nicht nur die Entwicklung der Baureihe 01 maßgeblich mit, bis 1942 trugen alle deutschen Ein-

Die großen Windleitbleche, umgangssprachlich auch als »Wagner-Bleche« bezeichnet, waren das Markenzeichen der deutschen Einheitsloks. Bei der DR behielten die Schnellzugloks der Baureihe 01 die großen Windleitbleche bis zum Schluss.

Die DB rüstete 51 Maschinen der Baureihe 01 mit neuen Verbrennungskammer-Kesseln aus. Bei diesen Umbauloks entfiel die Frontschürze.

		Einheitslok	Umbaulok
Bauart		2´C 1´h2	2´C 1´h2
Betriebsgattung		S 36.20	S 36.20
Länge über Puffer (Tender 2´2´T 34)	mm	23.940	23.940
Höchstgeschwindigkeit v/r	km/h	120 1)/50	120 1)/50
Zylinderdurchmesser	mm	600	600
Kolbenhub	mm	660	660
Treib- und Kuppelraddurchmesser	mm	2.000	2.000
Laufraddurchmesser v/h	mm	850 2)/1.250	850 2)/1.250
Kesselüberdruck	kp/cm^2	16	16
Rostfläche	m^2	4,5	3,96
Verdampfungsheizfläche	m^2	238 3)	193,09
Brennstoffvorrat	t	10	10
Wasserkasteninhalt	m^3	34	34
Leistung	PS	2.240	2.325

Anmerkungen: 1) ab 01 102: 130 km/h
2) ab 01 102: 1.000 mm 3) ab 01 077: 247 m^2

Bereits ab Ende der 1940er-Jahre entfernte die DB bei allen ihren Einheitsloks die großen Windleitbleche und ersetzte sie durch kleine Bleche.

heitsloks seine Handschrift. In fünf Lieferserien wurden schließlich bis 1938 insgesamt 231 Exemplare der Baureihe 01 beschafft. Die zehn 02er wurden später zu Zweizylinderloks umgebaut.

Über viele Jahrzehnte hinweg bestimmten die 01er mit ihren typischen großen Windleitblechen den schweren Eil- und Schnellzugdienst in Deutschland. Nach dem Zweiten Weltkrieg verblieben 70 Maschinen bei der Deutschen Reichsbahn (DR) in der sowjetischen Besatzungszone (SBZ). Die anderen Maschinen übernahm 1949 die Deutsche Bundesbahn (DB). Beide deutschen Staatsbahnen konnten lange Zeit nicht auf die Baureihe 01 verzichten. Die DB rüstete daher 51 Maschinen mit einem Neubau-Ersatzkessel aus, der von der Baureihe 0110 stammte (siehe Seite 30 f.) und eine höhere Verdampfungsleistung als der alte Kessel besaß. Der Ende der 1950er-Jahre bei der DB einsetzende Strukturwandel in der Zugförderung ließ den Stern der 01er sinken. Zehn Jahre später setzte nur noch das Bw Hof einige Exemplare der schweren Schnellzuglok ein. Diese hatten am 2. Juni 1973 ausgedient.

Die DR zählte zu diesem Zeitpunkt noch 17 betriebsfähige Maschinen. Erst in der zweiten Hälfte der 1970er-Jahre ersetzten Dieselloks die letzten DR-01er. 1979 endete der Einsatz der Baureihe 01 vorerst. 1980 reaktivierte die DR noch einmal vier 01er, die in Saalfeld beheimatet waren. Im Frühjahr 1982 erbrachte 01 204 die letzten Plandienste.

Die »Spitzmaus« – die Baureihe 01^5

Die Baureihe 01 (siehe Seite 26f.) bildete in den 1950er-Jahren bei der Deutschen Reichsbahn (DR) in der DDR das Rückgrat im schweren Schnellzugdienst. Der DR waren aber nur 70 Maschinen verblieben, von denen fünf aufgrund schwerer Kriegsschäden bis 1950 ausgemustert werden mussten. Da in der zweiten Hälfte der 1950er-Jahre die Beschaffung einer neuen Schnellzugmaschine infolge der begrenzten Kapazitäten in der Schienenfahrzeug-Industrie der DDR und der politischen Vorgaben unmöglich und eine Ablösung der 01er durch Dieselloks mittelfristig nicht machbar war, beschloss die DR eine umfassende Modernisierung der Baureihe 01 im Zuge des 1957 begonnenen Rekonstruktionsprogramms für Dampfloks. Kernstück der Rekonstruktion war der Einbau eines neuen, sehr leistungsfähigen Verbrennungskammer-Kessels und die Beseitigung konstruktiver Schwächen. Das Ziel war, die Leistung und Wirtschaftlichkeit der Maschinen zu verbessern. Mit den Reko-Dampfloks wollte die DR den Zeitraum bis zum Abschluss des Traktionswechsels überbrücken.

Die Entscheidung, die Baureihe 01 zu modernisieren, fiel im Frühjahr 1958. Anschließend erhielt die von Max Baumberg (1906–1978) geleitete Fahrzeug-Versuchsanstalt (FVA) in Halle (Saale) den Auftrag, einen Reko-Kessel für die Baureihe 01 zu entwickeln. Zu diesem Zeitpunkt war bereits abzusehen, dass die Baureihe 01 der krönende Abschluss der Reko-Programms und der Dampflokentwicklung in der DDR werden sollte. Entsprechend aufwändig waren die Arbeiten für die optische und technische Ausgestaltung der Lok. Knapp vier Jahre nach dem Startschuss war es dann endlich soweit: 01 501 verließ als erste ihrer Baureihe am 30. April 1962 das Reichsbahnausbesserungswerk (Raw) Meiningen. Der hoch liegende Kessel, die steile Frontschürze, die spitze Rauchkammertür – sie brachte den Loks den Beinamen »Spitzmaus« ein – und die Domverkleidung gaben der Reko-01 ein neues, unverwechselbares Aussehen. Allerdings wies die Maschine, die sich als sehr zugstark erwies, zahlreiche kleinere Mängel auf. Da sich die bei einigen Loks eingebauten Boxpok-Räder als Fehlgriff erwiesen, setzte bei der DR eine Debatte über den Sinn der Rekonstruktion der Baureihe 01 ein. Ein wichtiges Argument gegen die Reko-01 waren dabei die Kosten, die mit rund 400.000 Mark je Lok deutlich über dem gesteckten Rahmen lagen. Angesichts dieser Tatsache beschloss die DR schließlich am 22. November 1963, nur 35 Maschinen der Baureihe 01 zu modernisieren. Davon sollten 28 Loks mit einer Ölhauptfeuerung ausgerüstet werden. Nach der Fertig-

Einige Maschinen der Baureihe 01^5 erhielten Boxpok-Räder und eine Blechverkleidung am Umlauf. 01 504 erhielt außerdem als einzige ihrer Baureihe einen weißen Zierstreifen.

		Kohlefeuerung	Ölhauptfeuerung
Bauart		2'C 1'h2	2'C 1'h2
Betriebsgattung		S 36.20	S 36.20
Länge über Puffer (Tender 2'2'T 32)	mm	24.350	24.350
Höchstgeschwindigkeit v/r	km/h	130/50	130/50
Zylinderdurchmesser	mm	600	600
Kolbenhub	mm	660	660
Treib- und Kuppelraddurchmesser	mm	2.000	2.000
Laufraddurchmesser v/h	mm	1.000/1.250	1.000/1.250
Kesselüberdruck	kp/cm^2	16	16
Rostfläche	m^2	4,87	4,87
Verdampfungsheizfläche	m^2	224,5	224,5
Brennstoffvorrat	t	10	13,5 [1)]
Wasserkasteninhalt	m^3	34	34
Leistung	PS	ca. 2.300	ca. 2.500

Anmerkung: 1) 13,5 m^3 Heizöl

Ab Mitte der 1970er-Jahre ersetzte die DR die verschlissenen spitzen Rauchkammertüren der Baureihe 01^5 durch herkömmliche Türen mit Zentralverschluss.

stellung der 01 535 am 31. Mai 1965 war das Reko-Programm für die Baureihe 01 beendet.

Trotz aller Probleme entpuppte sich die Baureihe 01^5 als eine der besten deutschen Dampfloks. In Sachen Leistung und Zugkraft waren sie den Altbau-Maschinen und den Umbauloks der Bundesbahn deutlich überlegen. Die DR konzentrierte ihre Reko-01er zunächst in den Bahnbetriebswerken Erfurt, Wittenberge und Berlin Ostbahnhof (nur Kohleloks), wo sie bevorzugt im Interzonenzugverkehr Dienst taten. Ab 1973 waren die ölgefeuerten 01^5 meist in Pasewalk, Rostock und Saalfeld stationiert. Ab 1980 ging die Zeit der Baureihe 01^5 zu Ende. Das Bw Saalfeld stellte am 8. Januar 1982 mit 01 520 die letzte Öllok ein. Die Kohlelok 01 512 des Bw Magdeburg erbrachte schließlich am 29. September 1982 die letzte Planleistung der Baureihe 01^5, von der fünf Exemplare als Museumsstücke erhalten sind.

Die spitze Rauchkammertür war ein charakteristisches Merkmal der Baureihe 01^5. Die Türform brachte den Loks den Beinamen »Spitzmaus« ein.

In Schale geworfen – die Baureihe 01^{10}

Ab Mitte der 1930er-Jahre musste sich die Deutsche Reichsbahn (DRB) immer mehr der Konkurrenz der Straße erwehren. Um im Wettbewerb langfristig bestehen zu können, plante die DRB den Aufbau eines engmaschigen Schnellverkehrsnetzes. Dazu wurden aber neue Schnellzug-Dampfloks benötigt, da die Baureihe 01 (siehe Seite 26 f.), eine der Stützen im Schnellzugdienst, für die geplanten hohen Geschwindigkeiten nicht geeignet war. Aufgrund des Zweizylinder-Triebwerks nahmen im oberen Geschwindigkeitsbereich die Zuckbewegungen deutlich zu, die auf den ersten Wagen und in Folge auf den gesamten Zug übertragen wurden. Dies beeinträchtigte den Reisekomfort und verursachte höhere Instandhaltungskosten. Daher forderte die Hauptverwaltung (HV) der Reichsbahn im Frühjahr 1935 vom Reichsbahn-Zentralamt (RZA) die Entwicklung einer neuen Schnellzugmaschine mit Dreizylinder- oder Vierzylinderverbund-Triebwerk. Für diese Triebwerke sprachen der bessere Massenausgleich, das gleichförmigere Drehmoment und die geringere Beanspruchung des Rahmens. Nach langwierigen Diskussionen entschied sich das RZA für das Dreizylinder-Triebwerk, da es in der Beschaffung und der Unterhaltung billiger als das Vierzylinderverbund-Triebwerk war. Doch damit war der Weg für die neue Type noch nicht frei, denn nun stand auch eine Stromlinienverkleidung zu Debatte. Die für die Baureihe 05 (siehe Seite 34 f.) im Windkanal entwickelte Stromlinien-Verkleidung brachte erhebliche Leistungsgewinne. Aus diesem Grund beauftragte die HV das RZA mit der Entwicklung einer Stromlinienverkleidung für die neue schwere Schnellzugmaschine, die nun als Baureihe 01^{10} bezeichnet wurde. Obwohl deren technische Eckdaten bereits Ende 1935 feststanden, vergingen noch vier Jahre, bevor die Baureihe 01^{10} endlich Gestalt annahm. Nachdem das RZA insgesamt 205 Maschinen in Auftrag gegeben hatte, lieferte die Berliner Maschinenbau AG (BMAG), vormals Louis Schwartzkopff, im Sommer 1939 das Baumuster ab. Wenig später begann die Serienlieferung.

Doch der Zweite Weltkrieg warf die Planungen der DRB für den Schnellverkehr über den Haufen. Das Angebot im Eil- und Schnellzugverkehr wurde ab 1940 eingeschränkt, sodass kaum noch Bedarf an der Baureihe 01^{10} bestand. Das RZA stornierte daraufhin alle Aufträge. Lediglich die bereits begonnenen Maschinen wurden noch fertiggestellt.

Alle 55 Exemplare der Baureihe 01^{10} gelangten nach Kriegsende zur Deutschen Bundesbahn (DB), die die Maschinen von 1949 bis 1951 betriebsfähig aufarbeiten ließ. Lediglich

Nach dem Zweiten Weltkrieg ließ die DB bei den Schnellzugloks der Baureihe 01^{10} die Stromlinienverkleidung entfernen. Der vor dem Schornstein montierte Oberflächenvorwärmer und die nur dreiviertel hohe Rauchkammertür gaben den Loks ein eigenwilliges Aussehen.

Die DB rüstete 33 Maschinen der Baureihe 01¹⁰ mit einer Ölhaupt-feuerung aus. Ab 1968 wurden diese Loks als Baureihe 012 bezeichnet.

		Stromlinienlok	Umbaulok
Bauart		2´C1´h3	2´C1´h3
Betriebsgattung		S 36.20	S 36.20
Länge über Puffer (Tender 2´3 T38)	mm	24.130	24.130
Höchstgeschwindigkeit v/r	km/h	140/50	140/50
Zylinderdurchmesser	mm	500	500
Kolbenhub	mm	660	660
Treib- und Kuppelraddurchmesser	mm	2.000	2.000
Laufraddurchmesser v/h	mm	1.000/1.250	1.000/1.250
Kesselüberdruck	kp/cm^2	16	16
Rostfläche	m^2	4,32	3,96
Verdampfungsheizfläche	m^2	247,15	206,51
Brennstoffvorrat	t	10	10 [1)]
Wasserkasteninhalt	m^3	38	28
Leistung	PS	2.120	2.350 [2)]

Anmerkungen: 1) bei Loks mit Ölhauptfeuerung: $13,5m^3$ Heizöl
2) bei Loks mit Ölhauptfeuerung: 2.470 PS

Die Jalousien in der Triebwerksverkleidung ermöglichten Arbeiten am Triebwerk der Stromlinienloks der Baureihe 01¹⁰.

01 1067 wurde aufgrund schwerer Schäden ausgemustert. Bei der Aufarbeitung entfernte man die Stromlinienverkleidung und rüstete die Loks mit kleinen Windleitblechen aus. Die DB konzentrierte die Loks in Bebra, Hagen-Eckesey, Kassel und Paderborn.

Anfang der 1950er-Jahre wiesen die Kessel vermehrt Schäden auf. Dies war der verwendeten Stahlsorte St 47 K geschuldet. Der Werkstoff erwies sich als nicht alterungsbeständig und spröde. Die DB entwickelte daraufhin einen modernen Verbrennungskammer-Kessel, der auch bei der Baureihe 01 verwendet wurde. Bereits 1953 lieferte die Firma Henschel & Sohn den ersten so genannten Hochleistungskessel, mit dem schließlich alle Loks der Baureihe 01¹⁰ ausgerüstet wurden.

Außerdem erhielten ab 1955 insgesamt 33 Maschinen eine Ölhauptfeuerung. Dadurch konnte der Heizer von seiner schweren körperlichen Arbeit entlastet und die Leistung der Lok weiter gesteigert werden.

Erst in den 1960er-Jahren verlor die Baureihe 01¹⁰ immer mehr an Bedeutung. Mit der Einführung der EDV-gerechten Betriebsnummern 1968 wurden die Kohleloks zur Baureihe 011, die Ölloks zur Baureihe 012 umgezeichnet. Fünf Jahre später quittierte 011 062 als letzte ihrer Gattung den Dienst. 012 063 beendete am 31. Mai 1975 die Epoche der Schnellzug-Dampfloks bei der DB. Immerhin zehn Maschinen der Baureihe 01¹⁰ blieben der Nachwelt erhalten. 01 1102 erhielt 1996 wieder eine Stromlinienverkleidung.

Leicht und windschnittig – die Baureihe 03^{10}

Als die Deutsche Reichsbahn (DRB) in der zweiten Hälfte der 1930er-Jahren damit begann, ihr Netz schnellfahrender Züge aufzubauen, stand auch die Beschaffung einer neuen leichten Schnellzug-Dampflok zur Diskussion. Grund dafür war der schleppende Ausbau der Hauptstrecken für eine zulässige Achsfahrmasse von 20 t. Vor allem im Norden Deutschlands gab es noch zahlreiche Magistralen, deren Oberbau nur für 18 t zugelassen war. Daher ordnete die Hauptverwaltung (HV) der Reichsbahn am 10. Mai 1935 parallel zur Entwicklung der Baureihe 01^{10} (siehe Seite 30 f.) auch die Entwicklung der Baureihe 03^{10} an. Auch für diese neue Type forderte die HV ein Mehrzylinder-Triebwerk und eine Stromlinienverkleidung. Analog zur Baureihe 01^{10} entschied sich das Reichsbahn-Zentralamt (RZA) auch bei der Baureihe 03^{10} für ein Dreizylinder-Triebwerk. Die technischen Parameter für die neue Gattung standen schließlich Ende 1935 fest. Mit der Beschaffung der seitens der HV so dringend geforderten Loks ließ sich die DRB jedoch Zeit. Erst 1938 wurden insgesamt 140 Exemplare in Auftrag gegeben. Die Firma Borsig lieferte am 5. Dezember 1939 das Baumuster 03 1001.

Zu diesem Zeitpunkt hatten sich die betrieblichen Verhältnisse aber grundlegend geändert. Mit dem Beginn des Zweiten Weltkrieges wurde der Schnellverkehr deutlich verringert. Ein echter Bedarf für die Baureihe 03^{10} bestand nicht mehr. Folglich stornierte die DRB ihre Aufträge und lediglich 60 Maschinen wurden in Dienst gestellt.

Nach dem Zweiten Weltkrieg verblieben 26 Loks bei der späteren Deutschen Bundesbahn (DB) und 19 Maschinen bei der Deutschen Reichsbahn (DR) in der sowjetischen Besatzungszone. DB und DR entfernten ab 1949 die Stromlinienverkleidung und passten die Loks dem Erscheinungsbild ihrer anderen Einheitsloks an. Anschließend stellten die Maschinen im schweren Schnellzugdienst ihre Leistungsfähigkeit unter Beweis. Doch die Freude an den Loks währte nur kurz.

Bereits nach wenigen Jahren wiesen die aus dem Stahl St 47 K gefertigten Kessel erhebliche Verschleißerscheinungen auf. Das Bundesbahn-Zentralamt (BZA) in Minden entwickelte daher einen modernen Verbrennungskammer-Kessel, mit dem die Schnellzugloks in den Jahren 1958/59 ausgerüstet wurden. Danach zog die DB die Umbauloks im Bahnbetriebswerk (Bw) Hagen-Eckesey zusammen. Dort hatten die Maschinen aufgrund ihres Heißdampfreglers einen schlechten Ruf. Bereits 1966 hatten die Loks bei der Bundesbahn ausgedient.

Auch die Baureihe 03^{10} verlor nach dem Zweiten Weltkrieg ihre Stromlinienverkleidung. 03 1014 stand am 4. Juli 1950 im Bw Dortmund Betriebsbahnhof.

Zu diesem Zeitpunkt erreichten die bei der DR verblieben 03^{10} gerade den Glanzpunkt ihrer Laufbahn. Auch die DR hatte Anfang der 1950er-Jahre mit erheblichen Kesselschäden zu kämpfen. Daher wurden 03 1077 und 03 1088 im Frühjahr 1957 mit geschweißten Ersatzkesseln ausgerüstet. Parallel dazu liefen die Entwicklungsarbeiten für einen Verbrennungskammer-Kessel, mit dem die Baureihe 03^{10} im Rahmen des Reko-Programms 1959 im Reichsbahnausbesserungswerk (Raw) Meiningen ausgerüstet wurde. Dabei erhielten die Loks auch eine Mischvorwärmer-Anlage. Lediglich 03 1010 und 03 1074, die zeitweise von der Versuchs- und Entwicklungsstelle der Maschinenwirtschaft (VES-M) in Halle genutzt wurden, behielten den Oberflächenvorwärmer. Die Baureihe 03^{10}, von der zwischen 1965 und 1972 im Raw Meiningen 16 Loks eine Ölhauptfeuerung erhielten, waren im Bw Stralsund konzentriert. Dort hatten sie erst 1980 ihre Schuldigkeit getan. Zwei DR-Loks, 03 1010 und 03 1090, sowie die in Polen verbliebene 03 1005 (PKP Pm3-3) sind der Nachwelt erhalten.

		Stromlinienlok	Umbaulok DB	Rekolok DR
Bauart		2'C1'h3	2'C1'h3	2'C1'h3
Betriebsgattung		S 36.18	S 36.18	S 36.18
Länge über Puffer (Tender 2'2'T 34)	mm	23.905	23.905	23.905
Höchstgeschwindigkeit v/r	km/h	140/50	140/50	140/50
Zylinderdurchmesser	mm	470	470	470
Kolbenhub	mm	660	660	660
Treib- und Kuppelraddurchmesser	mm	2.000	2.000	2.000
Laufraddurchmesser v/h	mm	1.000/1.250	1.000/1.250	1.000/1.250
Kesselüberdruck	kp/cm²	16	16	16
Rostfläche	m²	3,89	3,87	4,23
Verdampfungsheizfläche	m²	203,15	177,54	206,3
Brennstoffvorrat	t	10	10	10 [1]
Wasserkasteninhalt	m³	34	34	34
Leistung	PS	1.790	ca. 1.850	ca. 1.900 [2]

Anmerkungen: 1) bei Ölhauptfeuerung: 13,5 m³ Heizöl 2) bei Ölhauptfeuerung: ca. 2.000 PS

Die DR in der DDR rüstete 1959 ihre Maschinen der Baureihe 03^{10} mit Reko-Kesseln aus. Später wurden 16 Maschinen mit einer Ölhauptfeuerung versehen.

Einige Maschinen der Baureihe 03^{10} waren während des Zweiten Weltkrieges in Österreich im Einsatz. Dazu gehört auch 03 1081, die am 20. September 1940 im Bw Wien West pausierte.

Deutschlands Rekord-Dampflok – die Baureihe 05

Die beiden weinrot lackierten Schnellfahr-Dampfloks 05 001 und 05 002 sorgten 1935 für Aufsehen. Die auf Hochglanz polierte 05 001 wurde 1935 auf der Ausstellung »100 Jahre Deutsche Eisenbahnen« in Nürnberg präsentiert.

Die Deutsche Reichsbahn-Gesellschaft (DRG) benötigte Anfang der 1930er-Jahre für die Erprobung neuer Reisezugwagen bei 150 km/h eine spezielle Schnellfahrmaschine. Da Erfahrungen mit Dampfloks in diesem Geschwindigkeitsbereich fehlten, schrieb die DRG die Entwicklung dieser Fahrzeuge aus. Die Vorstellungen der DRG und der Lokomotivfabriken über Schnellfahr-Dampfloks gingen aber weit auseinander. Lediglich die Firma Borsig baute konsequent auf der konventionellen Dampflok-Technik auf und entwickelte diese weiter. Dabei leisteten die Borsig-Ingenieure Pionierarbeit. Die DRG beauftragte schließlich 1933 die Firma Borsig mit der Konstruktion und dem Bau der beiden vorgeschlagenen 2´C2´h3-Maschinen. Bahnbrechend an der als Baureihe 05 bezeichneten Type war die neu entwickelte Stromlinienverkleidung, mit der im oberen Geschwindigkeitsbereich eine deutlich höhere Leistung erzielt werden konnte. Anhand von Modellen hatten die Ingenieure von Borsig und der DRG im Windkanal der Technischen Hochschule Berlin-Charlottenburg und der Universität Göttingen die optimale Form der Stromlinienverkleidung ermittelt. Am 8. März 1935 übergab die Firma Borsig schließlich die weinrot lackiere 05 001 an die Reichsbahn. Kurze Zeit später folgte die 05 002. Die Lokomotiv-Versuchsabateilung (LVA) Grunewald absolvierte mit beiden Maschinen ein umfangreiches Testprogramm, bei denen die Loks bis zu 180 km/h erreichten. Neben Leistungs- und Fahrversuchen wurde auch die Bremstechnik der Baureihe 05 ausgiebig untersucht.

Ein Jahr später sorgten die außergewöhnlichen Dampfloks für Aufsehen in der Öffentlichkeit und in der Fachwelt: Bei einer Demonstrationsfahrt stellte die 05 002 am 11. Mai 1936 den bis heute bestehenden Geschwindigkeitsrekord für deutsche Dampfloks auf. Auf der Fahrt von Hamburg nach Berlin erreichte die Maschinen vor einem 197 t schweren Zug stolze 200,4 km/h – das war zu diesem Zeitpunkt Weltrekord, der erst zwei Jahre später durch die britische »Mallard« überboten werden sollte (siehe Seite 73)!

Im Plandienst setzte die Reichsbahn die Baureihe 05 auf der Strecke Berlin–Hamburg ein. Das Bahnbetriebswerk (Bw) Altona bespannte mit den Maschinen planmäßig das Fernschnellzugpaar (FD) 22/23 zwischen der Hansestadt und der Spreemetropole.

Zu diesem Zeitpunkt liefen bereits die Vorarbeiten für eine dritte Maschine, die sich jedoch erheblich von den beiden anderen unterschied. Aus Sicherheitsgründen forderte die

05 003 unterschied sich deutlich von ihren beiden Schwesterloks. Die Maschine wurde bereits 1945 in eine konventionelle Dampflok umgebaut. Zum Schutz vor Tieffliegern erhielt die Lok Panzerplatten und einen Tarnanstrich.

		05 001, 05 002	05 003
Bauart		2´C 2´h3	2´C 2´h3
Betriebsgattung		S 37.19	S 37.19
Länge über Puffer (Tender 2´3 T 37 St)	mm	26.265	26.765 2)
Höchstgeschwindigkeit v/r	km/h	175/50	175/50
Zylinderdurchmesser	mm	450	450
Kolbenhub	mm	660	660
Treib- und Kuppelraddurchmesser	mm	2.300	2.300
Laufraddurchmesser v/h	mm	1.100/1.100	1.100/1.100
Kesselüberdruck	kp/cm^2	16 1)	16 1)
Rostfläche	m^2	4,71	4,40
Verdampfungsheizfläche	m^2	255,52	226,52
Brennstoffvorrat	t	10	12
Wasserkasteninhalt	m^3	37	38,5
Leistung	PS	2.360	2.400

Anmerkungen: 1) ursprünglich 20 kp/cm^2; später 16 kp/cm^2
2) mit Tender 2´3 T 38,5 St

Reichsbahn eine Schnellfahrlok mit Frontführerstand. Deren Entwicklung übernahm der Chefkonstrukteur der Firma Borsig, Adolf H. Wolff (1894–1964). Neu an der ebenfalls stromlinienverkleideten Lok waren der Verbrennungskammer-Kessel und die Kohlenstaubfeuerung. Die 1937 als 05 003 in Dienst gestellte Maschine wurde zunächst von der LVA Grunewald untersucht. Der verfeuerte Steinkohlenstaub verursachte aber erhebliche Probleme, sodass die Lok umgebaut werden musste. Die Arbeiten dazu konnten erst im März 1945 abgeschlossen werden.

Nach dem Zweiten Weltkrieg verblieben alle drei Loks bei der Deutschen Bundesbahn (DB). Diese ließ die Einzelgänger erst 1950/51 instandsetzen. 05 001 und 05 002 verloren dabei ihre Stromlinienverkleidung. Danach setzte das Bw Hamm die Baureihe 05 bevorzugt im leichten Schnellzugdienst ein. Bereits acht Jahre später hatten die Maschinen ausgedient. Der 05 001 blieb aber der Weg zum Schrottplatz erspart. Die DB ließ die Lok mit einer halbseitigen Stromlinienverkleidung ausrüsten. Seither kann die Maschine im Verkehrsmuseums Nürnberg bewundert werden.

Die DB ließ die Maschinen der Baureihe 05 in den Jahren 1950/51 wieder aufarbeiten. Dabei wurde auch die Stromlinienverkleidung entfernt. 05 002 stand am 19. August 1951 in ihrem Heimat-Bw Hamm.

Zu schwer geraten – die Baureihe 10

Bauart		2´C1´h3
Betriebsgattung		S 36.22
Länge über Puffer (Tender 2´2´T40)	mm	26.503
Höchstgeschwindigkeit v/r	km/h	140/90
Zylinderdurchmesser	mm	480
Kolbenhub	mm	720
Treib- und Kuppelraddurchmesser	mm	2.000
Laufraddurchmesser v/h	mm	1.000/1.000
Kesselüberdruck	kp/cm²	18
Rostfläche	m²	3,96
Verdampfungsheizfläche	m²	216,4
Brennstoffvorrat	t	12,5 1)
Wasserkasteninhalt	m³	40
Leistung	PS	2.500

Anmerkung: 1) 12,5 m³ Heizöl

Als die Deutsche Bundesbahn (DB) Ende der 1940er-Jahre einen Typenplan für neue Dampfloks aufstellte, enthielt dieser auch eine moderne Schnellzugmaschine. Die ersten Planungen sahen eine 1´C1´-Maschine für den Einsatz vor leichten Fernschnellzügen vor. Dieses Konzept wurde aber von der Hauptverwaltung abgelehnt. Stattdessen wurde der Bau einer schweren 2´C1´-Lok als Ersatz für die Baureihen 01^{10} (siehe Seite 30 f.) und 03^{10} (siehe Seite 32 f.) festgelegt. Die Entwicklung der als Baureihe 10 vorgesehenen Type übernahm das Bundesbahn-Zentralamt (BZA) Minden unter der Federführung seines Bauart-Dezernenten Friedrich Witte (1900–1977). Nach schier endlosen Diskussionen und mehreren Entwürfen, die auch verschiedene Studien zur Lackierung umfassten, lieferte die Firma Krupp in den Jahren 1956/57 die beiden Baumuster ab. Mit ihrem lang gestreckten Kessel, der eleganten Teilverkleidung, der kegeligen Rauchkammertür, dem Kylchap-Doppelblasrohr und dem großen Tender hatte die Baureihe 10 eine unverwechselbare Silhouette. Während 10 001 eine Kohlefeuerung mit Ölzusatzfeuerung besaß, verfügte 10 002 über eine Ölhauptfeuerung.

Doch bereits bei der Endabnahme der beiden Prototypen bestand bei der DB kein Bedarf mehr an der Baureihe 10. Mit dem Beschluss, die wichtigsten Hauptstrecken zu elektrifizieren, hatte die DB den Traktionswechsel eingeleitet. Außerdem waren die beiden Maschinen zu schwer geraten: Mit einer Achsfahrmasse von 22 t konnten sie nur auf wenigen DB-Strecken eingesetzt werden. Die zunächst in Bebra beheimateten Loks gehörten am Ende ihrer Laufbahn zum Bahnbetriebswerk Kassel. Dort wurde 10 002 bereits 1967 nach einem Triebwerksschaden abgestellt.

Die 10 001 schied am 21. Juni 1968 aus dem Bestand der DB aus. Heute gehört sie zur Sammlung des Deutschen Dampflok-Museums (DDM) in Neuenmarkt-Wirsberg.

Die Firma Krupp lieferte 1956/57 die beiden Baumuster der Baureihe 10 an die DB. Eine Serienbeschaffung erfolgte aber nicht mehr.

Preußens Schnellzug-Dampflok – die Baureihe 17^{10-12} (ex preußische S 10^1)

		Bauart 1911	Bauart 1914
Bauart		2´Ch4v	2´Ch4v
Betriebsgattung		S 35.17	S 35.17
Länge über Puffer (Tender pr 2´2´T 31,5)	mm	20.910	20.910
Höchstgeschwindigkeit v/r	km/h	120/50	120/50
Zylinderdurchmesser HD/ND	mm	400/610	400/610
Kolbenhub	mm	660	660
Treib- und Kuppelraddurchmesser	mm	1.980	1.980
Laufraddurchmesser v	mm	1.000	1.000
Kesselüberdruck	kp/cm^2	15	15
Rostfläche	m^2	3,18	2,95
Verdampfungsheizfläche	m^2	163,06	162,44
Brennstoffvorrat	t	7	7
Wasserkasteninhalt	m^3	31,5	31,5
Leistung	PS	1.420	1.420

Anfang des 19. Jahrhunderts benötigte die Preußische Staatsbahn für den schweren Schnellzugdienst neue Dampfloks. 1909 erhielt die Berliner Maschinenbau AG (BMAG) den Auftrag zur Entwicklung einer 2´C-Maschine. Die BMAG griff dabei auf die Erfahrungen mit der P 8 zurück (siehe Seite 46 f.). Allerdings überzeugte die als S 10 bezeichnete Type nicht. Deren Vierzylinder-Triebwerk verbrauchte zu viel Wasser und Kohle und war in der Unterhaltung zu teuer.

Aus diesen Gründen regte das für die Preußische Staatsbahn zuständige Ministerium der öffentlichen Arbeiten (MdöA) die Entwicklung einer Vierzylinderverbund-Variante der S 10 an. Auslöser dafür waren die Erfolge der süddeutschen Länderbahnen mit dieser Technik. Das Eisenbahn-Zentralamt (EZA) beauftragte die Firma Henschel & Sohn mit der als Gattung S 10^1 bezeichneten 2´Ch4v-Schnellzuglok.

Typisch für die Baureihe 17^{10-12} (ex preußischer S 10^1) war der kombinierte Blech-Barrenrahmen.

Wichtigste Neuerungen der S 10^1 waren der größere Kessel, der kombinierte Blech-Barrenrahmen und der Antrieb der ersten (Hochdrucktriebwerk) und der zweiten Kuppelachse (Niederdrucktriebwerk). Bereits im Oktober 1911 stellte die Preußische Staatsbahn die ersten Exemplare der S 10^1 in Dienst. Die Testfahrten verliefen erfolgreich: Die S 10^1 entpuppte sich als Preußens stärkste Schnellzugmaschine, von der bis 1912 bereits 145 Exemplare gebaut wurden.

Ein Jahr später gab die Preußische Staatsbahn eine überarbeitete Version der S 10^1 in Auftrag. Die als »Bauart 1914« bezeichneten Loks besaßen u.a. höhere Umlaufbleche und eine überarbeitete Steuerung. Über Jahrzehnte hinweg bestimmte die S 10^1 (ab 1925: Baureihe 17^{10-12}) den Schnellzugdienst in Preußen. Erst nach dem Zweiten Weltkrieg hatten die Loks ausgedient. Die Deutsche Bundesbahn (DB) trennte sich bis 1950 von ihren Loks. Die Deutsche Reichsbahn (DR) in der DDR rüstete 15 Maschinen mit einer Kohlenstaubfeuerung des Systems Wendler aus und setzte diese bis 1964 ein. Als Museumsstück blieb lediglich die 17 1055 erhalten, die heute zum Bestand des Verkehrsmuseums Dresden gehört.

Sachsens »Pacific« – die Baureihe 18^0

(ex sächsische XVIII H)

Die Königlich Sächsischen Staatseisenbahnen (K.Sächs. Sts.E.) waren immer auf der Suche nach einer Schnellzuglok, die sowohl auf den relativ flachen Strecken nach Berlin und Leipzig, als auch auf den steigungsreichen Magistralen nach Chemnitz, Reichenbach und Hof eingesetzt werden konnte. Nachdem die bisher eingesetzten 2´C-Maschinen ihre Leistungsgrenze erreicht hatten, entschieden sich die K.Sächs. Sts.E. kurz vor dem Ersten Weltkrieg für die Achsfolge 2´C1´. Zu Testfahrten liehen sich die K.Sächs.Sts.E. 1915 eine bayerische S 3/6 (siehe Seite 44 f.) aus. Aufgrund der hervorragenden Ergebnisse verhandelten die K.Sächs.Sts.E. mit der Firma Maffei über einen Lizenzbau der S 3/6. Doch die Verhandlungen scheiterten an den Preisvorstellungen der Bayern, sodass die K.Sächs.Sts.E. die Sächsische Maschinenfabrik (SMF), vormals Richard Hartmann, in Chemnitz mit der Entwicklung einer eigenen 2´C1´-Schnellzuglok beauftragten. Diese sollte jedoch im Gegensatz zur S 3/6, die ein Vierzylinderverbund-Triebwerk besaß, ein Dreizylinder-Triebwerk erhalten. Die Ingenieure der SMF gingen bei der Konstruktion der als XVIII H bezeichneten Gattung einen völlig neuen Weg. Sie kombinierten süddeutsche (großer Kessel mit breiter Feuerbüchse) und preußische Bauelemente (Blechrahmen mit vorderem Barrenrahmenteil) miteinander. 1917/18 lieferte die SMF schließlich die zehn bestellten Maschinen.

Bauart		**2´C1´h3**
Betriebsgattung		S 36.17
Länge über Puffer (Tender sä. 2´2´T 31)	mm	22.150
Höchstgeschwindigkeit v/r	km/h	120/50
Zylinderdurchmesser	mm	500
Kolbenhub	mm	630
Treib- und Kuppelraddurchmesser	mm	1.905
Laufraddurchmesser v/h	mm	1.065/1.260
Kesselüberdruck	kp/cm^2	14
Rostfläche	m^2	4,52
Verdampfungsheizfläche	m^2	216,52
Brennstoffvorrat	t	7
Wasserkasteninhalt	m^3	31

Diese überzeugten durch ihr hervorragendes Beschleunigungsvermögen und ihre Laufruhe. Lediglich ihre Verbrauchswerte und ihre Schleuderneigung vor schweren Zügen wurden bemängelt. Dennoch bewährte sich die sächsische XVIII H, die als beste Schnellzugdampflok der K.Sächs.Sts.E. gilt, viele Jahre im schweren Reisezugdienst. Die Maschinen, die ab 1925 als Baureihe 18^0 geführt wurden, waren meist im Bahnbetriebswerk (Bw) Dresden-Altstadt beheimatet. Erst ab 1965 begann die Deutsche Reichsbahn mit der Ausmusterung der sächsischen XVIII H, von der leider kein Exemplar als Museumsstück erhalten blieb.

Die Baureihe 18^0 (ex sächsische XVIII H) wurde meist im Schnellzugdienst auf der Strecke Dresden–Berlin eingesetzt.

Deutschlands erste »Pacific« – die Baureihe 18^2

Bauart		2'C1'h4v
Betriebsgattung		S 36.16
Länge über Puffer (Tender bad 2'2'T 15)	mm	21.171
Höchstgeschwindigkeit v/r	km/h	100/50
Zylinderdurchmesser HD/ND	mm	425/650
Kolbenhub HD/ND	mm	610/670
Treib- und Kuppelraddurchmesser	mm	1.800
Laufraddurchmesser v/h	mm	990/1.200
Kesselüberdruck	kp/cm^2	16
Rostfläche	m^2	4,5
Verdampfungsheizfläche	m^2	208,72
Brennstoffvorrat	t	7,5
Wasserkasteninhalt	m^3	15

Zu den wichtigsten Magistralen der Großherzoglich Badischen Staatsbahn gehörten die steigungsreiche Schwarzwaldbahn Offenburg–Villingen und die relativ flache Rheintalstrecke zwischen Mannheim und Basel. Für diese beiden so unterschiedlichen Hauptstrecken suchten die Badener Anfang 1905 nach einer neuen Schnellzug-Dampflok, weil die bisher eingesetzten 2'C-Maschinen zu schwach waren. Die Staatsbahn des Großherzogtums Baden schrieb die Entwicklung der neuen Type aus. Den Zuschlag zum Bau der als Reihe IV f geplanten Gattung erhielt die Firma Maffei aus München, die mit ihrem Entwurf ein neues Kapitel in der badischen und deutschen Lokomotiv-Geschichte aufschlug. Erstmals erhielt eine deutsche Schnellzuglok die als »Pacific« bezeichnete Achsfolge 2'C1'. Neu war auch der aus Flusseisen geschweißte und anschließend geglühte Rahmen. Damit die Vierzylinderverbund-Maschinen auf der Schwarzwaldbahn und auf der Rheintalstrecke eingesetzt werden konnten, hatten die Maffei-Ingenieure einen Kuppelraddurchmesser von 1.800 mm gewählt. Dank des großzügig ausgelegten Kessels vermochte die IV f bei 100 km/h in der Ebene einen 460 t schweren Zug zu befördern.

Die Maschinen der badischen IV f waren die ersten »Pacifics« in Deutschland. Sie wurden aber bereits in den 1920er-Jahren ausgemustert.

Nach den ersten drei Baumustern 1907 vergab die Großherzoglich Badische Staatsbahn die Fertigung der anderen 32 Loks an die Maschinenbaugesellschaft (MBG) Karlsruhe. Allerdings war die Freude an der bis 1912 beschafften IV f nur kurz, denn die Unterhaltungskosten für das Triebwerk waren enorm hoch. Außerdem beklagten die Personale die schlechten Laufeigenschaften im oberen Geschwindigkeitsbereich.

Bereits Anfang der 1920er-Jahre schieden die ersten IV f aus dem Bestand aus. Die Deutsche Reichsbahn-Gesellschaft (DRG) zeichnete 1925 nur noch 22 Loks zur Baureihe 18^2 um, die nun schrittweise durch die preußische P 8 (siehe Seite 46 f.) abgelöst wurden. Schon 1930 musterte die DRG die letzten IV f aus.

Der »Jimmo« – die Schnellfahrlok 18 201

Die Deutsche Reichsbahn (DR) in der DDR benötigte Ende der 1950er-Jahre zur Erprobung neuer für den Export bestimmter Reisezugwagen eine Lokomotive, die Geschwindigkeiten von 160 km/h fahren konnte. Da geeignete Diesel- und Elektroloks fehlten und auch in absehbarer Zeit nicht zu beschaffen waren, suchte die Versuchs- und Entwicklungsstelle der Maschinenwirtschaft (VES-M) Halle (Saale) nach einer passenden Dampflok. Für Höchstgeschwindigkeiten von mehr als 150 km/h hatte die Deutsche Reichsbahn-Gesellschaft (DRG) nur die Maschinen der Baureihen 05 (siehe Seite 34 f.) und 61 beschafft. Der Chef des VES-M, Max Baumberg (1906–1978) sondierte daher bei der Deutsche Bundesbahn (DB), ob die DR eine der ausgemusterten 05er erwerben könne. Allerdings waren die Loks derart verschlissen, dass ein Ankauf aus Kostengründen ausschied. Der DR war aber die 61 002 verblieben, die die DRG für den Henschel-Wegmannn-Zug beschafft hatte. Die für 175 km/h ausgelegte 61 002 verfügte zwar über ein ausgezeichnetes Trieb- und Laufwerk, doch der aus dem nicht alterungsbeständigen Stahl St 47 K hergestellte Kessel konnte nicht mehr genutzt werden. Zudem waren Triebwerk und Kessel falsch aufeinander abgestimmt. So entstand die Idee, auf dem Lauf- und Triebwerk der 61 002 im Rahmen des Rekonstruktions-Programms die benötigte Schnellfahrlok aufzubauen. Die dafür notwendigen Zeichnungen erstellte die VES-M Halle. Auf das sehr gute Laufwerk wurde ein Reko-Kessel des Typs 39 E, wie er bei den Baureihen 03^{10}, 22 und 41 verwendet wurde, aufgesetzt. Da der Kessel nur für 16 kp/cm² zuglassen war – die 61 002 besaß ursprünglich einen Kesseldruck von 20 kp/cm² –, musste die Schnellfahrlok neue größere Zylinder erhalten, die die ausgemusterte Versuchslok H 45 024 lieferte. Von ihr stammten auch das hintere Rahmenteil mit der Laufachse und der Rückstellvorrichtung. Der neue mittlere Zylinder hingegen war eine Schweißkonstruktion.

Den Umbau der 61 002 zur Schellfahr-Schlepptenderlok übernahm das Raw Meiningen, das die als 18 201 bezeichnete Lok 1961 fertig stellte. Die geschwungenen kleinen Windleitbleche, die Domverkleidung, die spitze Rauchkammertür sowie die Verkleidung der vorderen Pufferbohle und des Tenders gaben der Maschine ein windschnittiges Aussehen. Durch ihre

Die 18 201 ist die schnellste betriebsfähige Dampflok der Welt. Sie entstand 1961 durch den Umbau der Tenderlok 61 002 (siehe nächste Seite). Zwischen 2002 und 2005 war die Lok rot lackiert.

grüne Lackierung mit dem weißen Zierstreifen erhielt die 18 201 ein unverwechselbares Aussehen. Nach ihrer Endabnahme kam die Lok zum Bw Halle P, das die als »Jimmo« bezeichnete 18 201 entweder vor Messzügen im Auftrag der VES-M oder im regulären Plandienst einsetzte. Auf dem Versuchsring in Prag-Velin erreichte die Lok 1964 stolze 176 km/h. Kurze Zeit später, im Mai 1965, zog das Bw Halle P die Maschine auf Anweisung des Chefs der VES-M Halle, Max Baumberg, aus dem Plandienst zurück, damit sie nicht unnötig verschlissen wurde.

Das Raw Meiningen rüstete die 18 201 im Sommer 1967 mit einer Ölhauptfeuerung aus. Auch in den 1970er-Jahren stellte die nun als 02 0201-0 bezeichnete Lok immer wieder vor Messzügen ihre Qualitäten unter Beweis. Ihren letzten Schnellfahrversuch absolvierte sie im Oktober 1976. Seit 1978 kam die Lok verstärkt vor Sonderzügen zum Einsatz. Ab 1980 war 18 201 von der DR für den betriebsfähigen Erhalt als Museumslok vorgesehen. Heute gehört die 18 201 als schnellste betriebsfähige Dampflok der Welt zu den unumstrittenen Stars auf Deutschlands Schienen.

Bauart		**2'C1'h3**
Betriebsgattung		S 36.20
Länge über Puffer (Tender 2'2'T 34)	mm	25.145
Höchstgeschwindigkeit v/r	km/h	175/50
Zylinderdurchmesser	mm	520
Kolbenhub	mm	660
Treib- und Kuppelraddurchmesser	mm	2.300
Laufraddurchmesser v/h	mm	1.100/1.250
Kesselüberdruck	kp/cm^2	16
Rostfläche	m^2	4,23
Verdampfungsheizfläche	m^2	206,3
Brennstoffvorrat	t	13,5 [1)]
Wasserkasteninhalt	m^3	34
Leistung	PS	ca. 1.800

Anmerkung: 1) 13,5 m^3 Heizöl

Nur kurze Zeit wurde 18 201 im Plandienst eingesetzt. Ab 1965 wurde die Lok nur noch für Mess- und Sonderfahrten eingesetzt.

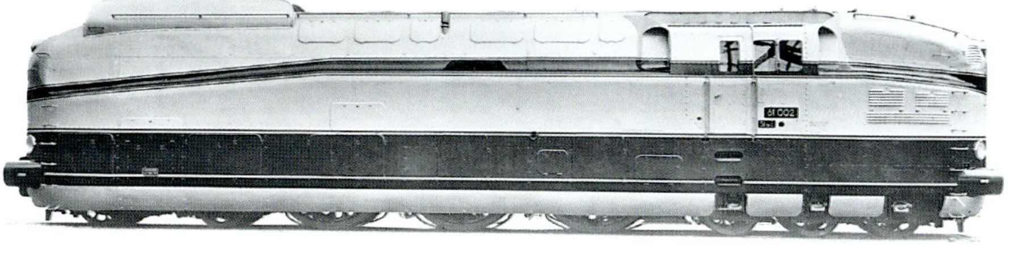

Die Reichsbahn hatte die Tenderlok 61 002 im Jahr 1939 für den Henschel-Wegmann-Zug, der zwischen Dresden und Berlin pendelte, in Dienst gestellt.

Im Dienste der Wissenschaft – die Baureihe 18^3 (ex badische IV h)

Da die Reihe IV f (siehe Seite 39) nicht alle in sie gesetzten Erwartungen erfüllen konnte, bestand in Baden nach nur relativ kurzer Zeit erneut Bedarf an einer leistungsfähigen Schnellzugmaschine. Die Großherzoglich Badische Staatsbahn forderte alle deutsche Lokomotivfabriken auf, eine 2´C1´-Maschine zu entwickeln, die auf der Rheintalstecke einen 525 t schweren Zug mit 100 km/h anstandslos befördern konnte. Die Ausschreibung gewann die Firma Maffei, die den Entwurf einer 2´C1´h4v-Maschine vorgelegt hatte. Obwohl die Großherzoglich Badische Staatsbahn bereits 1915 das erste Baulos der als Reihe IV h bezeichneten Type in Auftrag gab, konnte die Firma Maffei aufgrund der Materialengpässe während des Ersten Weltkriegs erst 1918 die drei Baumuster liefern. Die übrigen 17 Maschinen folgten in zwei weiteren Baulosen. Charakteristisch für die Reihe IV h waren neben den 2.100 mm großen Kuppelrädern der mächtige Zylinderblock mit den großen Doppelschiebern und der Zweiachsantrieb der Bauart de Glehn.

Im Betriebsdienst fiel die Bilanz der IV h gemischt aus: Die Laufeigenschaften der ab 1925 als Baureihe 18^3 bezeichneten Type waren famos. Die Leistung hingegen war aufgrund des zu kleinen Kessels zu knapp. Auch der Wasser- und Kohlenverbrauch der IV h war viel zu hoch. Bereits in den 1930er-Jahren wurde die IV h daher aus ihren angestammten Einsatzgebieten verdrängt. Während des Zweiten Weltkriegs wurden die Loks im Bahnbetriebswerk (Bw) Bremen Hbf konzentriert, wo sie 1948 alle ausgemustert wurden. Lediglich 18 316, 18 319 und 18 323 fanden beim Bundesbahn-Zentralamt (BZA) Minden als Bremsloks eine neue Verwendung. Dazu wurden die Maschinen mit Riggenbach-Gegendruckbremsen und kleinen Windleitblechen ausgerüstet. Das BZA Minden konnte erst in den 1960er-Jahren auf die Loks verzichten. Während 18 319 nach einem Triebwerksschaden 1964 ausgemustert wurde, quittierten 18 316 und 18 323 im Jahr 1969 den Dienst und fanden anschließend als Schaustücke Verwendung.

Eine badische IV h, die 18 314, verschlug es zur Deutschen Reichsbahn (DR) in die sowjetische Besatzungszone. Dort war 1945 die bayerische 18 434 verblieben. Dem Vorsteher des Reichsbahnausbesserungswerks (Raw) Stendal, Max Baumberg (1906–1978) gelang es 1948, die 18 434 gegen die 18 314 aus den Westzonen einzutauschen. Anschließend diente die IV h als Werklok des Raw Stendal, bevor sie ab 1950 zum Bw Dresden-Altstadt gehörte. Nach der Gründung der Lokomotiv-Versuchsanstalt (FVA) Halle (Saale), zu deren Leiter Max Baumberg berufen wurde, begann die Karriere der 18 314 als Bremslok. Dazu wurde sie mit einer Riggenbach-Gegendruckbremse ausgerüstet. Ab 16. Februar 1951 gehörte die Lok zum Bestand des Bw Halle P.

In der zweiten Hälfte der 1950er-Jahre nahmen die Verschleißerscheinungen an der 18 314 deutlich zu.

Drei badische IV h nutzte das BZA Minden als Bremslok. Typisch für die Baureihe 18^3 waren die mächtigen Tandem-Schieber für das Hoch- und Niederdrucktriebwerk.

Die Maschinen der Baureihe 18³ bestachen durch ihre sehr guten Laufeigenschaften.

		Regelausführung	Rekolok DR
Bauart		2′C1′h4v	2′C1′h4v
Betriebsgattung		S 36.17	S.36.19
Länge über Puffer (Tenderbad 2′2T 29,6)	mm	23.230	23.630 [2)]
Höchstgeschwindigkeit v/r	km/h	140 [1)]/50	150/50
Zylinderdurchmesser HD/ND	mm	440/680	440/680
Kolbenhub	mm	680	680
Treib- und Kuppelraddurchmesser	mm	2.100	2.100
Laufraddurchmesser v/h	mm	990/1.200	990/1.200
Kesselüberdruck	kp/cm²	15	16
Rostfläche	m²	4,95	4,23
Verdampfungsheizfläche	m²	221,11	199,5
Brennstoffvorrat	t	9	13,5 [3)]
Wasserkasteninhalt	m³	29,6	34
Leistung	PS	1.950	ca. 2.000

Anmerkungen: 1) 18 316 und 18 323 mit Sondergenehmigung für 155 km/h zugelassen 2) mit Tender 2′2′T34 3) 13,5 m³ Heizöl

Das Raw Zwickau baute die einzige badische IV h der DR, 18 314 (ab 1970: 02 0314-1), um. Dabei erhielt die Lok eine Verkleidung für die Zylinderblöcke.

Da die FVA Halle die Lok aber für Laufgüte-Untersuchungen an Reisezugwagen benötigte, fand sie Aufnahme in das Reko-Programm. Das Raw Zwickau (Sachs) modernisierte die Lok 1960. Kernpunkt war der Einbau eines Verbrennungskammer-Kessels des Typs 39 E. Außerdem erhielt 18 314 ein Einheitsführerhaus, kleine Windleitbleche und einen Einheitstender. Die Domverkleidung, die spitze Rauchkammertür und die Blechverkleidung gaben der 18 314 ein völlig neues Aussehen. Dazu trug auch die grüne Lackierung mit den weißen Zierstreifen bei. Nach der Rekonstruktion und ihrem Umbau auf Ölhauptfeuerung 1967 war die Lok weiterhin in Halle stationiert. Erst am 31. Dezember 1971 wurde sie abgestellt. Heute kann die Reko-IV h im »Auto & Technik Museum Sinsheim« besichtigt werden.

Münchner Kindl – die Baureihe 18^{4-5}
(ex bayerische S 3/6)

Zu den bekanntesten deutschen Schnellzugloks gehört zweifelsohne die bayerische S 3/6 (Baureihe 18^{4-5}), deren Beschaffungszeitraum sich über 24 Jahre erstreckte. Bereits Anfang des 20. Jahrhunderts benötigte die Bayerische Staatsbahn eine leistungsstarke Dampflok für den schweren Schnellzugdienst. Die positiven Erfahrungen der Großherzoglich Badische Staatsbahn mit der Reihe IV f (siehe S. 39) gaben in Bayern den Ausschlag für die Beschaffung einer 2´C1´-Maschine.

Noch 1907 beauftragte die Bayerische Staatsbahn die Firma Maffei mit der Entwicklung einer entsprechenden Maschine. Die Ingenieure von Maffei arbeiteten schnell – bereits zum Jahreswechsel 1907/08 waren die konstruktiven Arbeiten an der als S 3/6 bezeichneten Type abgeschlossen. Nur ein halbes Jahr später, am 16. Juli 1908, übergab Maffei die erste S 3/6 an die Bayerische Staatsbahn. Am 20. Juli 1908 folgte das zweite Baumuster. Anschließend unterzog die Bayerische Staatsbahn die S 3/6 einem umfangreichen Versuchsprogramm. Der großzügig bemessene Kessel und das vorzügliche Vierzylinderverbund-Triebwerk machten die S 3/6 zu einer der besten Maschinen ihrer Zeit. Daraufhin gab die bayerische Staatsbahn weitere Baulose in Auftrag. Im Laufe der Jahre wurde die S 3/6 immer wieder den Erfordernissen angepasst. Dazu gehörten auch 18 Maschinen mit 2.000 mm großen Kuppelachsen, die 1912 und 1913 für den Einsatz auf den Strecken München–Würzburg und München–Nürnberg beschafft wurden. Die Personale bezeichneten diese Loks aufgrund ihrer größeren Kuppelräder als »Hochhaxige«.

Bereits 1914 lieferte Maffei das achte Baulos. Die Fertigstellung der neunten Serie, die 30 Loks umfasste, erfolgte in den Jahren 1915 bis 1918. Nach dem Ersten Weltkrieg musste die Bayerische Staatsbahn insgesamt 19 Loks als Reparationsleistung an Belgien und Frankreich abgeben. Diese Lücken schloss die Deutsche Reichsbahn-Gesellschaft (DRG) ab 1923 durch eine Nachauflage von 30 Maschinen.

In der zweiten Hälfte der 1920er-Jahre stand abermals der Nachbau der S 3/6 zur Debatte, da die DRG leistungsstarke Schnellzugloks für Strecken mit schwächerem Oberbau benötigte. Zwischen 1927 und 1931 wurden schließlich die letzten Serien der S 3/6 (Baureihe 18^5) gebaut. Die Maschinen unterschieden sich durch ihren höheren Kesseldruck und die größeren Zylinder von den anderen Baulosen.

Die bayerische S 3/6 war eine der besten deutschen Schnellzug-Dampfloks. Sie wurde von 1908 bis 1931 gebaut. 18 537 gehörte zu letzten Bauserie.

30 Maschinen der Baureihe 18^5 erhielten ab 1953 neue Verbrennungskammer-Kessel und wurden zur Baureihe 18^6.

Nach dem Zweiten Weltkrieg verblieben die meisten S 3/6 bei der Deutschen Bundesbahn (DB). Dieser fehlten Anfang der 1950er-Jahre Maschinen für den schweren Schnellzugdienst. Auf Drängen der bayerischen Bundesbahndirektionen beschloss die DB schließlich, 30 Maschinen der Baujahre ab 1927 zu modernisieren. Die Ausbesserungswerke Ingolstadt und München-Freimann rüsteten ab 1953 die als Baureihe 18^6 bezeichneten Loks mit neuen Verbrennungskammer-Kesseln und neuen Führerhäusern aus. Der Umbau war ein voller Erfolg: Mit einem Gesamtwirkungsgrad von 10 % gehörte die Baureihe 18^6 zu den besten deutschen Dampfloks. Doch die Freude war nur von kurzer Dauer. Die mittels eines Trägers am Kessel befestigen Luft- und Speisepumpe führten zu Rissen an den Kesseln. Daher wurde bereits 1965 die letzte umgebaute S 3/6 ausgemustert. Die Altbau-Maschinen waren zu diesem Zeitpunkt längst Geschichte. Ihre letzten Vertreterinnen waren bereits 1960 auf das Abstellgleis geschoben worden.

		18^4	18^{4-5}	18^5
Bauart		2´C1´h4v	2´C1´h4v	2´C1´h4v
Betriebsgattung		S 36.16	S 36.17	S 36.18
Länge über Puffer (Tender bay 2´2T 26,2)	mm	21.396	21.371 2)	21.371 2)
Höchstgeschwindigkeit v/r	km/h	120/50	120/50	120/50
Zylinderdurchmesser HD/ND	mm	425/650	425/650	440/650
Kolbenhub HD/ND	mm	610/670	610/670	610/670
Treib- und Kuppelrad-durchmesser	mm	1.870 1)	1.870	1.870
Laufraddurchmesser v/h	mm	950/1.206	950/1.206	950/1.206
Kesselüberdruck	kp/cm^2	14	16	16
Rostfläche	m^2	4,53	4,53	4,53
Verdampfungsheizfläche	m^2	197,41	197,41	197,41
Brennstoffvorrat	t	7,5	8,5 2)	8,5 2)
Wasserkasteninhalt	m^3	26,2	27,4 2)	27,4 2)
Leistung	PS	1.770	1.830	1.830

Anmerkungen: 1) 18 441 bis 18 458: 2.000 mm
2) mit Tender bay 2´2 T 27,4

Die bayerische S 3/6 gilt als eine der schönsten Dampfloks in Deutschland.

Preußens Gloria – die Baureihe 38^{10-40}

(ex preußische P 8

Als meist gebaute deutsche Personenzuglok ging die preußische P 8, die Baureihe 38^{10-40}, in die Eisenbahn-Geschichte ein. Bereits 1905 benötigte die Preußische Staatsbahn für den schweren Reisezugdienst eine zugstarke, dreifachgekuppelte Maschine. Der zuständige Dezernet Robert Garbe (1847–1932) entwarf eine 2´Ch2-Lok mit 1.750 mm großen Kuppelrädern. Die Berliner Maschinenbau AG (BMAG), vormals Louis Schwartzkopff, lieferte 1906 die ersten zehn Baumuster. Garbes Hoffnung, die Loks könnten für 110 km/h zugelassen werden, erfüllten sich nicht. Zwar erwies sich die neue Lok bei den Versuchsfahrten als eine sehr leistungsfähige und sparsame Maschine, doch die Laufeigenschaften waren im oberen Geschwindigkeitsbereich unbefriedigend. Die Ursache dafür war schnell gefunden: Die großen hin- und hergehenden Massen erzeugten starke Zuckbewegungen. Garbe verbesserte zwar den Massenausgleich, doch die Höchstgeschwindigkeit blieb auf 100 km/h begrenzt. Außerdem waren die Treibstangenlager für die Zugkräfte zu klein, sodass die Unterhaltungskosten stiegen. Eine Verringerung des Zylinderdurchmessers löste das Problem. Trotz dieser kleineren Mängel erwies sich die P 8 als ausgezeichnete Konstruktion, von der die Preußische Staatsbahn nun größere Stückzahlen beschaffte.

Im Laufe der Zeit erfuhren die Maschinen aber immer wieder konstruktive Änderungen. So entfielen ab 1909 die Windschneiden-Führerhäuser. 1913 wurde die Steuerung geändert: Die Hängeeisen-Steuerung wurde durch eine Kuhnsche Schleife ersetzt. Ein Jahr später wurde die P 8 serienmäßig mit einem Oberflächenvorwärmer der Bauart Knorr mit Kolbenspeisepumpe ausgerüstet. Außerdem erhielten die vorderen Laufachsen eine Bremse.

Bis zum Ende des Ersten Weltkrieges stellte die Preußische Staatsbahn rund 2.350 Exemplare in Dienst. Durch die Bestimmungen des Versailler Vertrages mussten 628 Maschinen an die Siegermächte abgegeben werden. Die meisten Loks gingen an Belgien (168), Frankreich (162) und Polen (190). Die Preußische Staatsbahn und die 1920 gegründete Deutsche Reichsbahn schlossen diese Lücken jedoch durch zahlreiche Nachbauten. Erst 1923 nahm die Reichsbahn mit der 38 4051 die letzte P 8 ab. Aber auch andere Bahnverwaltungen beschafften die als robust, zuverlässig und sparsam bekannte P 8. Neben Oldenburg (5) und Mecklenburg (13) wurde die P 8 auch in Baden (40) angeschafft. Weitere Exemplare rollten fabrikneu unter anderem nach Polen und Rumänien. Insgesamt wurden rund 3.500 Maschinen gebaut.

Die Preußische Staatsbahn stelle bis 1914 rund 2.350 Exemplare der P 8 in Dienst. Die Deutsche Reichsbahn beschaffte die P 8 bis 1923 weiter.

Bauart		2'Ch2
Betriebsgattung		P 35.17
Länge über Puffer (Tender pr 2'2'T 21,5)	mm	18.585
Höchstgeschwindigkeit v/r	km/h	100/50
Zylinderdurchmesser	mm	575
Kolbenhub	mm	630
Treib- und Kuppelraddurchmesser	mm	1.750
Laufraddurchmesser v	mm	1.000
Kesselüberdruck	kp/cm²	12
Rostfläche	m²	2,64
Verdampfungsheizfläche	m²	143,9
Brennstoffvorrat	t	7
Wasserkasteninhalt	m³	21,5
Leistung	PS	1.180

Im Bw Grunewald stand in den 1920er-Jahren die 38 1541. Erst die Deutsche Reichsbahn rüstete die Baureihe 38^{10-40} mit Windleitblechen aus.

Fast alle deutschen Lokomotivfabriken haben die P 8 gebaut. Der Werksfotograf der Firma Schichau lichtete 1922 die fabrikneue HANNOVER 2629 (ab 1925: 38 3992) ab.

Bei der Deutschen Reichsbahn-Gesellschaft (DRG) war die Baureihe 38^{10-40} *die* Personenzuglok schlechthin. Aber auch im Schnellzugdienst und vor Güterzügen enttäuschte die P 8 nicht. So wurde sie zum »Mädchen für Alles« auf den deutschen Schienen. Der Zweite Weltkrieg riss große Lücken in den Bestand. Der Deutschen Bundesbahn (DB) verblieben rund 1.200 und der Deutschen Reichsbahn (DR) in der DDR rund 750 Loks. In Ost und West bildeten sie noch bis in die 1960er-Jahre das Rückgrat im Personenzugdienst. Erst die Beschaffung moderner Dieselloks läutete das Ende der P 8 ein. Die DR schob ihre Maschinen ab 1967 auf das Abstellgleis. Als letzte wurde 1973 die 38 2267 ausgemustert.

Zu diesem Zeitpunkt trennte sich auch die DB von ihren letzten P 8. 1974 standen nur noch drei Maschinen beim Bw Tübingen unter Dampf. Als letzte P 8 in Deutschland wurde im Dezember 1974 die 38 1772 abgestellt.

Kurz und gut – die Baureihe 66

Bauart		1´C 2´h2t
Betriebsgattung		Pt 36.15
Länge über Puffer	mm	11.050
Höchstgeschwindigkeit v/r	km/h	100/100
Zylinderdurchmesser	mm	470
Kolbenhub	mm	660
Treib- und Kuppelraddurchmesser	mm	1.600
Laufraddurchmesser v/h	mm	1.000/850
Kesselüberdruck	kp/cm^2	16
Rostfläche	m^2	1,956
Verdampfungsheizfläche	m^2	87,5
Brennstoffvorrat	t	5,0
Wasserkasteninhalt	m^3	14,3
Leistung	PS	1.170

Als beste Maschine des Neubau-Dampflokprogramms der Deutschen Bundesbahn (DB) gilt die Baureihe 66. Friedrich Witte (1900–1977), der Bauart-Dezernent der DB, wollte mit der Baureihe 66 eine Universal-Dampflok schaffen, die die Baureihen 38^{10-40}, 64 und 78^{0-5} ersetzen sollte. Da die Baureihe 66 nicht nur für den Einsatz auf Haupt-, sondern auch auf Nebenstrecken vorgesehen war, durfte ihre Achsfahrmasse 15 t nicht überschreiten. Damit trotzdem ausreichend große Vorräte auf der Lok untergebracht werden konnten, erhielt die Baureihe 66 die ungewöhnliche Achsfolge 1´C 2´. Friedrich Witte entwickelte in Zusammenarbeit mit dem Technischen Gemeinschaftsbüro der Lokomotivfabriken die Baureihe 66. Bereits am 5. Oktober 1955 lieferte die Firma Henschel & Sohn die 66 001 ab. Wenige Tage später, am 14. Oktober 1955, folgte das zweite Baumuster.

Bei den anschließenden Messfahrten des Bundesbahn-Zentralamtes (BZA) Minden sorgte die 66 001 für Aufsehen in der Fachwelt. Dank ihres hervorragend ausgelegten Verbrennungskammer-Kessels erwies sich die 66 001 der Baureihe 38^{10-40} als ebenbürtig – trotz ihres kleineren Dampferzeugers und ihres geringeren Reibungsgewichts. Auch die Laufeigenschaften ließen keine Wünsche übrig: Die Baureihe 66 war damit eine der besten deutschen Dampfloks.

Doch inzwischen lief der Traktionswechsel bei der DB an, sodass es bei den beiden Prototypen blieb. Diese waren zunächst im Bahnbetriebswerk (Bw) Frankfurt (Main) 3 stationiert, wo sie im schweren Personenzugdienst eingesetzt wurden. Ab Sommer 1960 waren beide Loks im Bw Gießen zu Hause. Bereits 1967 bzw. 1968 musterte die DB die beiden 66er aus. Die 66 002 fand danach als Schaustück im Eisenbahnmuseum Bochum-Dahlhausen eine neue Heimat.

Die Baureihe 66 war eine der besten deutschen Dampfloks. Am 28. Juni 1958 stand die 66 002 im Bw Frankfurt (Main) 1.

Die Insellok – die Baureihe 78 $^{0-5}$

(ex preußische T 18)

Die Baureihe 78^{0-5} bildete bei der DRG gemeinsam mit der Baureihe 38^{10-40} das Rückgrat im Reisezugdienst; 78 003 stand am 20. Mai 1932 im Bw Düsseldorf Abstellbahnhof.

Die Königlichen Eisenbahn-Direktionen (KED) Mainz und Stettin benötigten ab 1910 eine leistungsstarke Tenderlok für den schweren Reisezugdienst. Während die KED Mainz dringend eine Maschine für den Eil- und Schnellzugdienst auf der Hauptbahn Frankfurt (Main)–Wiesbaden benötigte, meldete die KED Stettin Bedarf an einer spurtstarken Tenderlok für den Schnellzugdienst zwischen Altefähr und Saßnitz auf der Insel Rügen an. Da die vorhandenen Typen für diese Einsatzgebiete völlig ungeeignet waren, beauftragte die Preußische Staatsbahn 1911 schließlich die Firma Vulcan in Stettin mit der Entwicklung einer 2´C2´h2-Tenderlok. Bereits im Herbst 1911 lagen die ersten Entwürfe für die als T 18 bezeichnete Type vor. Nur wenige Monate später begann in Stettin die Fertigung der Baumuster, die 1912 an die Preußische Staatsbahn übergeben wurden. Bei den anschließenden Probefahrten stellte die T 18 ihre Qualitäten eindrucksvoll unter Beweis.

Die Maschine beförderte anstandslos einen 456 t schweren Zug mit 80 km/h zwischen Berlin-Grunewald und Mansfeld. Dabei bestach die Lok besonders durch ihre hervorragenden Laufeigenschaften und den geringen Kohlenverbrauch.

Nur wenig später begann die Serienproduktion der T 18, deren erste Exemplare auf der Insel Rügen zum Einsatz kamen. Aber auch Privatbahnen, die Württembergischen Staatsbahnen, die Bahnen des Saargebietes und die Türkei beschafften die preußische T 18. Insgesamt 534 Maschinen wurden schließlich gebaut. Die Deutsche Reichsbahn-Gesellschaft (DRG) zeichnete 1925 insgesamt 460 Maschinen zur Baureihe 78^{0-5} um, die sich im schweren Personen- und leichten Schnellzugdienst bewährte. Nach dem Zweiten Weltkrieg konnten weder die Deutsche Bundesbahn (DB) noch die Deutsche Reichsbahn (DR) auf die T 18 verzichten. Erst Anfang der 1970er-Jahre hatte die T 18 ausgedient.

Bauart		**2´C2´h2t**
Betriebsgattung		Pt 37.17
Länge über Puffer	mm	14.800
Höchstgeschwindigkeit v/r	km/h	100/100
Zylinderdurchmesser	mm	560
Kolbenhub	mm	630
Treib- und Kuppelraddurchmesser	mm	1.650
Laufraddurchmesser v/h	mm	1.000/1.000
Kesselüberdruck	kp/cm²	12
Rostfläche	m²	2,44
Verdampfungsheizfläche	m²	135,92
Brennstoffvorrat	t	4,5
Wasserkasteninhalt	m³	12
Leistung	PS	1.140

1975 musterte die DB als letzte Maschine die 78 246 aus. Als betriebsfähige Museumslok blieb in Deutschland die 78 468 der Emscher Park Eisenbahn erhalten.

Die Königin der Nebenbahnen – die Baureihe 89^{70-75}
(ex preußische T 3)

Bauart		Cn2t
Betriebsgattung		Gt 33.12
Länge über Puffer	mm	8.591
Höchstgeschwindigkeit v/r	km/h	40/40
Zylinderdurchmesser	mm	350
Kolbenhub	mm	550
Treib- und Kuppelraddurchmesser	mm	1.100
Laufraddurchmesser v/h	mm	-
Kesselüberdruck	kp/cm^2	12
Rostfläche	m^2	1,35
Verdampfungsheizfläche	m^2	59,2
Brennstoffvorrat	t	2,0
Wasserkasteninhalt	m^3	5,0
Leistung	PS	290

Eine der bekanntesten deutschen Lokomotiven ist zweifelsohne die preußische T 3. Vielen Eisenbahnfreunden gilt sie bis heute als Inbegriff der Nebenbahn-Tenderlok. Für den Rangier- und Nebenbahndienst benötigte die Preußische Staatsbahn Ende des 19. Jahrhunderts eine robuste und leistungsfähige Tenderlok. Mit der Entwicklung der gewünschten Type beauftragte die Preußische Staatsbahn 1882 die Firma Henschel & Sohn. Dort entwarfen die Ingenieure eine Cn2-Tenderlok, deren erstes Exemplar am 16. September 1882 an die Königliche Eisenbahn-Direktion (KED) Hannover ausgeliefert wurde. Die T 3 war ein voller Erfolg: Sie war robust, pflegeleicht und sparsam. In den folgenden Jahrzehnten beschafften neben der Preußischen Staatsbahn zahlreiche Eisenbahn-Gesellschaften die T 3 in unterschiedlichsten Varianten. Die typischen konstruktiven Merkmale der T 3 – unsymmetrischer Achsstand, Allan-Trick-Steuerung, Antrieb der zweiten Kuppelachse, Rahmenwasserkasten und seitliche Kohlenbehälter – blieben aber fast immer erhalten. Rund 1.550 Exemplare der T 3 wurden gebaut. Allein 1.260 Maschinen stellte die Preußische Staatsbahn in Dienst.

Die Deutsche Reichsbahn-Gesellschhaft (DRG) übernahm 1925 immerhin noch 473 Maschinen, und reihte sie als Baureihe 89^{70-75} in ihren Fahrzeugpark ein. Bis 1931 schrumpfte der Bestand auf 254 Loks zusammen. Zahlreiche Maschinen fanden aber bei Werk-, Klein- und Privatbahnen ein neues Betätigungsfeld. Erst nach dem Zweiten Weltkrieg ging die Zeit der T 3 langsam zu Ende. Während die Bundesbahn (DB) 1961 ihre letzte T 3 ausmusterte, standen die letzten Exemplare bei der Deutschen Reichsbahn (DR) bis 1969 unter Dampf. Zu diesem Zeitpunkt hatte die T 3 auch bei den Klein- und Privatbahnen sowie als Werklok ausgedient. Heute erinnern mehrere Denkmals- und Museumsmaschinen an eine der erfolgreichsten deutschen Tenderloks.

Die preußische T 3 ist bis heute der Inbegriff der Kleinbahn-Dampflok. Die 89 7188 feierte 1935 im Bw Leipzig Hbf West ihr 40-jähriges Dienstjubiläum.

Die Unverwüstliche – die Reihe 209
(ÖBB-Reihe 38)

Die österreichische Südbahn beschaffte zwischen 1910 und 1913 insgesamt 44 Exemplare der Reihe 209, von denen aber nach dem Ersten Weltkrieg nur 17 in Österreich verblieben. Die letzte von ihnen wurde erst 1968 ausgemustert.

Die Südbahn-Gesellschaft (SB) benötigte Anfang des 20. Jahrhunderts für den schweren Schnellzugdienst eine neue leistungsfähige Dampflok. Die seit 1896 eingesetzten 2´Cn2-Maschinen der Reihe 32f waren den gestiegenen Zuglasten und Geschwindigkeiten nicht mehr gewachsen. Auf der Grundlage der Reihe 32f entwickelte der Maschinendirektor Eustach Prossy der SB eine 2´Ch2-Schnellzuglok, die zu den besten Dampfloks Österreich gehören sollte. Die Maschinen der neuen Reihe 109 waren sowohl für den Einsatz im Gebirge als auch im Flachland bestimmt. 1910 begann die Serienlieferung der Reihe 109, von denen die Südbahn bis 1914 insgesamt 44 Exemplare in Dienst stellte. Nach dem Ersten Weltkrieg verblieben in Österreich lediglich 17 Maschinen, die die Österreichischen Bundesbahnen (BBÖ) als Reihe 209 bezeichneten. Die anderen Loks fanden in Ungarn und Jugoslawien eine neue Heimat. Die zugstarken 2´Ch2-Loks der BBÖ waren in erster Linie in den Zugförderungsleitungen Graz und Wien Ost stationiert. Hier oblag ihnen meist der Schnellzugdienst auf den Hauptbahnen östlich von Wien. Dazu gehörte u.a. die Bespannung des Orient-Express. Die Deutsche Reichsbahn (DRB) reihte alle 17 Maschinen der Reihe 209 im Jahr 1938 als Baureihe 38^{41} in ihren Bestand ein. Auch nach 1945 konnten die Österreichischen Bundesbahnen (ÖBB) auf die Dienste der nun als

Bauart		2´Ch2
Länge über Puffer (Tender Reihe 456)	mm	17.526
Höchstgeschwindigkeit v/r	km/h	90/50
Zylinderdurchmesser	mm	550
Kolbenhub	mm	660
Treib- und Kuppelraddurchmesser	mm	1.740
Laufraddurchmesser v	mm	1.034
Kesselüberdruck	kp/cm²	13
Rostfläche	m²	3,55
Verdampfungsheizfläche	m²	173,8
Brennstoffvorrat	t	6,0
Wasserkasteninhalt	m³	17,0
Leistung	PS	1.500

Baureihe 38 bezeichneten Veteranen noch nicht verzichten. Die ÖBB ließen alle 38er mit einem Giesl-Flachejektor mit Siederohrdrosselung ausrüsten. Dadurch konnte die Leistung der Loks um rund 30 % gesteigert werden. Letzte Heimat-Dienststelle für die Baureihe 38 war schließlich die Zugförderungsleitung Amstetten, die die Maschinen vor Eil- und Personenzüge im Gesäuse sowie vor leichten Eilgüterzügen in Richtung Wien einsetzte. Erst 1967 hatte Baureihe 38 der ÖBB ausgedient. 38.4101 wurde als letzte ihrer Gattung 1968 ausgemustert.

Österreichs Schienenstar – die Reihe 310
(ÖBB-Reihe 16)

Die österreichische Reihe 310 (DRB-Baureihe 16) war die einzige Schlepptenderlok der Welt mit der Achsfolge 1´C2´. Sie ist bis heute der Inbegriff der Schnellzuglok in Österreich.

Anfang des 20. Jahrhunderts benötigten die kaiserlich-königlichen österreichischen Staatsbahnen (kkStB) dringend eine neue leistungsfähige Schnellzug-Dampflok. Diese musste in der Lage sein, einen 400 t schweren Schnellzug in der Ebene mit einer Geschwindigkeit von etwa 100 km/h zu befördern. Auf einer Steigung von 10 Promille waren 60 km/h gefordert. Dies entsprach einer Maschinenleistung von etwa 1.800 PS. Allerdings waren dem Chefkonstrukteur der kkStB, Karl Gölsdorf (1861–1916), bei der Entwicklung der neuen Type enge Grenzen gesetzt. Zum einen durfte die Achsfahrmasse nicht mehr als 14,5 t betragen. Zum anderen musste die Maschine für die Verfeuerung minderwertiger einheimischer Kohle ausgelegt sein. Dies erforderte einen großzügig ausgelegten Rost. In Anbetracht dieser Prämissen konnte Gölsdorf die seit 1907 in Europa für Schnellzugloks verwendete Achsfolge 2´C1´nicht übernehmen.

Gölsdorf machte jedoch aus der Not eine Tugend und verwendete für die neue Schnellzuglok der kkStB die Achsfolge 1´C2´. Die vordere Laufachse wurde als Krauss-Helmholtz-Gestell ausgeführt, was den notwendigen ruhigen Lauf ermöglichte. Die beiden hinteren Laufachsen wurden hingegen als Bissel-Gestell ausgeführt und nahmen das Gewicht des Stehkessels mit dem großen Rost auf. Das Triebwerk wurde als Vierzylinder-Verbundtriebwerk ausgelegt. 1908 stellten die kkStB schließlich die ersten elf Exemplare der 1´C2´n4v-Schnellzuglok in Dienst. Die Achsfolge 1´C2´ blieb einmalig für Schlepptenderloks und wurde später als »Adriatic« bezeichnet. Die als Reihe 210 bezeichneten Maschinen überzeugten durch ihre Leistung und ihre hervorragenden Laufeigenschaften. Die kkStB setzten die eleganten Schnellzugloks bevorzugt auf der Franz-Josefs-Bahn von Wien nach Prag und auf der Nordbahn von Wien nach Krakau ein.

Nur wenige Jahre später überarbeitete Karl Gölsdorf seine »Adriatic«. Diese wurde nun mit einem Überhitzer der Bauart Schmidt ausgerüstet. Die ersten Maschinen der jetzt als

Reihe 310 bezeichneten Type wurden 1911 in Dienst gestellt. Bis 1916 beschafften die kkStB insgesamt 90 Exemplare der Reihe 310, die fortan das Rückgrat im Schnellzugdienst in Österreich-Ungarn bildete. Gölsdorfs »Adriatic« wurde so zum Inbegriff der österreichischen Schnellzuglok. In der Fachwelt fand die Maschine große Aufmerksamkeit. Die amerikanische Fachzeitung »Railway Age« lobte die Reihe 310 als »*suberb*«. Andere Zeitgenossen bezeichneten die »Adriatic« aufgrund ihres glatten Kessels und ihrer schlanken Form als eine der formvollendetsten Dampflokomotiven.

Nach dem Ersten Weltkrieg verblieben in Österreich lediglich 43 Maschinen der Reihe 310. Die anderen wurden zwischen Polen und der Tschechoslowakei aufgeteilt. Die Österreichischen Bundesbahnen (BBÖ) setzten die Reihe 310 nun bevorzugt auf der West- und der Südbahn ein. Die Deutsche Reichsbahn (DRB) zeichnete 1938 noch 40 »Adriatics« zur Baureihe 16 um. Ab 1944 wurde die Baureihe 16 aufgrund ihres wartungsintensiven Verbundtriebwerks nach und nach abgestellt. Bis 1952 schrumpfte der Betriebspark der ehemaligen Reihe 310 auf fünf Maschinen zusammen, von denen die letzten drei in den Zugförderungsleitungen Wien Süd und Mürzzuschlag für den Personenzugdienst vorgehalten wurden. In Villach endete schließlich 1957 der Einsatz der »Adriatic«. Die 310.23 blieb in Österreich als betriebsfähige Museumslok erhalten.

Bauart		**1'C2'h2v**
Länge über Puffer (Tender Reihe 86)	mm	21.404
Höchstgeschwindigkeit v/r	km/h	100/50
Zylinderdurchmesser HD/ND	mm	390/660
Kolbenhub	mm	720
Treib- und Kuppelraddurchmesser	mm	2.140
Laufraddurchmesser v/h	mm	1.034/1.034
Kesselüberdruck	kp/cm^2	15 [1)]
Rostfläche	m^2	4,62
Verdampfungsheizfläche	m^2	195,55
Brennstoffvorrat	t	8,72
Wasserkasteninhalt	m^3	21,0
Leistung	PS	1.800

Anmerkungen: 1) später auf 16 kp/cm^2 angehoben

Die DRB zeichnete 1938 insgesamt 40 österreichische 310er zur Baureihe 16 um. Hinter der 16 033 verbarg sich die 1915 gebaute 310.72, die 1948 ausgemustert wurde.

Österreichs Universallok – die Reihe 629
(ÖBB-Reihe 77)

Anfang der 20. Jahrhunderts suchte die Südbahn-Gesellschaft (SB) nach einer universell einsetzbaren Tenderlok. Die neuen Maschinen sollten in der Lage sein, auf den Strecken Wien–Gloggnitz und Triest–Nabresina Personenzüge mit einem Gewicht von bis zu 300 t zu befördern. Allerdings durfte der Gesamtachsstand der Maschine aufgrund der vorhandenen Schiebebühnen nicht größer als 10 m sein. Die Entwicklung der neuen Type übernahm der Maschinendirektor Eustach Prossy der SB in Zusammenarbeit mit der Maschinenfabrik der kaiserlich-königlichen österreichischen Staatsbahnen in Wien (StEG). Dabei griff man auf die Erfahrungen mit den erfolgreich bei der SB eingesetzten Maschinen der Reihen 109 und 229 zurück.

Bereits 1913 stellte die SB die ersten sechs Exemplare der neuen Reihe 629 in Dienst. Die 2´C1´h2t-Maschinen blieben die einzigen Pacific-Tenderloks in Europa. Von Beginn an bestachen die Loks durch ihre Leistung und ihre vorzüglichen Laufeigenschaften. Bei Probefahrten wurden Spitzengeschwindigkeiten von bis zu 110 km/h erreicht. Die Reihe 629 war die gesuchte Universallok und erwies sich als eine der besten Konstruktionen des österreichischen Lokomotivbaus.

Der Kessel der Reihe 629 war großzügig dimensioniert. Die Kesselmitte lag mit 2.900 mm über Schienenoberkante ungewöhnlich hoch, sodass der große Rost über der zweiten und dritten Kuppelachse liegen konnte. Die Vorräte der 629 erlaubten einen Aktionsradius von bis zu 200 km. Bis 1915 stellte die SB insgesamt 15 Exemplare der Reihe 629 in Dienst, die in erster Linie Personen- und Schnellzüge auf den Strecken Wien–Gloggnitz, Mürzzuschlag–Marburg (Drau) und Triest–Cormons bespannten. Aber auch im Güterzugdienst enttäuschte die Reihe 629 nicht.

Die Erfolge mit der 2´C1´h2-Tenderlok blieben auch den kaiserlich-königlichen österreichischen Staatsbahnen (kkStB) nicht verborgen. Diese beschafften ab 1917 die Reihe 629 in fast unveränderter Ausführung. Nach dem Ersten Weltkrieg verblieben bei den Österreichischen Bundesbahnen (BBÖ)

Die österreichische Reihe 629 war eine der erfolgreichsten Tenderloks Europa. Die 77 235 (ex BBÖ 629.50) wurde 1922 bei Krauss in Linz gebaut. Die Lok hatte erst 1969 ausgedient.

neben den 15 Loks der ehemaligen SB auch zehn Maschinen der kkStB. In den 1920er-Jahren stieg der Bedarf an universell einsetzbaren Tenderloks bei den BBÖ schlagartig an. Vor allem auf der Nord- und Ostbahn wurden jetzt Tenderloks benötigt, da sich die BBÖ so die anfallenden Drehscheibengebühren in Ungarn und der Tschechoslowakei sparen konnten. Zwischen 1920 und 1922 stellten die BBÖ 30 weitere 629er in Dienst. Bis 1927 stieg der Bestand der Reihe 629 auf insgesamt 85 Exemplare an. Die Deutsche Reichsbahn (DRB) gab 1938 den Maschinen der Reihe 629 die neue Baureihennummer 77^2.

Die Österreichischen Bundesbahnen (ÖBB) führten ab 1953 noch 76 Exemplare der nun als Baureihe 77 bezeichneten Type in ihren Unterlagen. Einsatzschwerpunkte der 77er waren u.a. die Zugförderungsleitungen Fehring, Graz, Wien Nordwest, Wien Ost und Wien Süd. Die ÖBB rüsteten die Baureihe 77 mit einem Giesl-Flachejektor aus, wodurch die Leistung der Maschinen angehoben werden konnte. Erst Ende der 1960er-Jahre setzte die schrittweise Ausmusterung der ehemaligen Reihe 629 ein. 1974 waren nur noch zehn Pacific-Tenderloks in Linz und Wien Nord stationiert. Als einsatzfähige Museumslok blieb die 1913 gebaute 77.66 (ex 629.101 der SB) erhalten.

Die Reihe 629 war die einzige Tenderlok mit der Achsfolge 2'C1'. Die Lok hatten entweder einen Kobel-Schornstein oder eine schmale Esse. Letztere gab der Reihe 629 ein deutlich eleganteres Aussehen.

Bauart		**2'C1'h2t**
Länge über Puffer	mm	13.315
Höchstgeschwindigkeit v/r	km/h	90/90
Zylinderdurchmesser	mm	475
Kolbenhub	mm	720
Treib- und Kuppelraddurchmesser	mm	1.614
Laufraddurchmesser v/h	mm	1.034/1.034
Kesselüberdruck	kp/cm²	13
Rostfläche	m²	2,7
Verdampfungsheizfläche	m²	129,65
Brennstoffvorrat	t	3,12 1)
Wasserkasteninhalt	m³	10,5 2)
Leistung	PS	1.100

Anmerkungen: 1) später auf 3,2 t vergrößert
2) später auf 12 m³ vergrößert

Tenderlok für schnelle Züge – die Reihe 729
(ÖBB-Reihe 78)

Mit der Grenzziehung nach dem Zusammenbruch der Doppelmonarchie Österreich-Ungarn im Jahr 1918 änderten sich die betrieblichen Verhältnisse grundlegend. Die Franz-Josefs-Bahn endete nun in Gmünd/Ceske Velenice. Lundenburg/Breclav war seitdem Endstation der Nordbahn und auf der Ostbahn endeten die Züge im ungarischen Hegyeshalom. Die Grenzbahnhöfe lagen schon in der Tschechoslowakei bzw. in Ungarn. Der bisher praktizierte Einsatz von Schlepptenderloks war aber für die Österreichischen Bundesbahnen (BBÖ) auf die Dauer nicht machbar, da die Tschechen und Ungarn der BBÖ das Wenden ihrer Maschinen in Rechnung stellte. Aus diesem Grund bespannten die BBÖ die internationalen Eil- und Schnellzüge nach Gmünd, Lundenburg und Hegyeshalom ab Anfang der 1920er-Jahre mit Tenderloks der Reihe 629 (siehe S. 54 f.). Diese hatten jedoch nur wenige Jahre später im schweren Schnellzugdienst auf der Nord- und Ostbahn ihre Leistungsgrenze erreicht.

Die BBÖ benötigten nun eine Tenderlok, die in der Lage war, Schnellzüge mit einer Last von 500 t anstandslos zu befördern. In Zusammenarbeit mit der Lokomotivfabrik Floridsdorf entwickelte der Leiter der Konstruktionsabteilung der BBÖ, Alexander Lehner, eine neue 2´C2´h2-Tenderlok. Um Zeit und Geld zu sparen, griff Lehner dabei auf Baugruppen bereits vorhandener Typen zurück. Für die neue Reihe 729 wurde beispielsweise der Kessel der Reihe Reihe 209 (siehe S. 51) übernommen. Von der Reihe 629 stammten hingegen das vordere Drehgestell, die Radsätze sowie Teile des Triebwerks und der Steuerung. Eine Neuerung an der Reihe 729 war der Heinl-Mischvorwärmer, der in einer Nische links vor dem Führerhaus untergebracht wurde. Im Hinblick auf den vorgesehenen Einsatzzweck wurden auch der Wasser- und Brennstoffvorrat großzügig ausgelegt.

Typisch für die Reihe 729 war die Verkleidung für den Dampfdom und den Sandkasten. Erst 1973 wurden in Ostösterreich die letzten 729er ausgemustert.

Bauart		2´C2´h2t
Länge über Puffer	mm	14.990
Höchstgeschwindigkeit v/r	km/h	95/95 [1)]
Zylinderdurchmesser	mm	500
Kolbenhub	mm	720
Treib- und Kuppelraddurchmesser	mm	1.614
Laufraddurchmesser v/h	mm	1.034/1.034
Kesselüberdruck	kp/cm^2	13
Rostfläche	m^2	3,55
Verdampfungsheizfläche	m^2	171,8 [2)]
Brennstoffvorrat	t	6,0
Wasserkasteninhalt	m^3	16,8
Leistung	PS	1.800

Anmerkung: 1) ab 729.11: 105 km/h 2) ab 729.11: 172,8 m^2 durch den Einbau von Wasserkammern

Bereits 1931 stellten die BBÖ die ersten sechs Maschinen der Reihe 729 in Dienst. Ein Jahr später folgten vier weitere Loks. Die Maschinen konnten in der Ebene anstandslos einen 600 t schweren Zug mit 90 km/h befördern. Da der Verkehr mit der Tschechoslowakei und Ungarn seit der Weltwirtschaftskrise 1929 deutlich schrumpfte, setzten die ÖBB die Reihe 729 zunächst im Schnellzugdienst von Wien nach Salzburg und Graz ein. Ab 1933 waren alle zehn Maschinen in Linz stationiert. Dabei oblag ihnen auch ein Teil des Schnellzugdienstes zwischen Wien und Passau sowie die Bespannung des Arlberg-Express‘ zwischen Wien und Salzburg.

1936 beschaffte die ÖBB ein zweites Baulos der Reihe 729, die sich durch Nicolson-Wasserkammern in der Feuerbüchse und Achslager der Bauart Friedmann von der ersten Serie unterschieden. Die Deutsche Reichsbahn (DRB) reihte die 2´C2´h2-Tenderloks als Baureihe 78^6 in ihren Bestand ein und gab als Arbeitsbeschaffungsmaßnahme 1938 zehn weitere Exemplare in Auftrag. Diese wurden im Oktober und November 1938 als 78 617 bis 78 626 in Dienst gestellt.

Nach dem Zweiten Weltkrieg verblieben alle 26 Exemplare der Baureihe 78^6 in der Alpenrepublik, wo sie 1951 mit einem Giesl-Flachejektor und kleinen Windleitblechen ausgerüstet wurden. Die Österreichischen Bundesbahnen (ÖBB) konzentrierten die Maschinen in den Zugförderungsleitungen Linz und Wien West. Mit der fortschreitenden Elektrifizierung verlor die Baureihe 78 zunehmend an Bedeutung. 1973 standen die letzten drei Maschinen in Wien Nord unter Dampf. 78.603 und 78.618 blieben als Museumsloks erhalten.

Die Erzberg-Lok – die Reihe 69
(ÖBB-Reihe 97)

Bauart		C1´n2zt
Länge über Puffer	mm	10.579
Höchstgeschwindigkeit v/r	km/h	30 1)
Zylinderdurchmesser	mm	460 2)
Kolbenhub	mm	500 3)
Treib- und Kuppelraddurchmesser	mm	1.070
Laufraddurchmesser v	mm	750
Kesselüberdruck	kp/cm^2	11
Rostfläche	m^2	2,15
Verdampfungsheizfläche	m^2	131,64
Brennstoffvorrat	t	1,8 4)
Wasserkasteninhalt	m^3	6,5 5)
Leistung	PS	

Anmerkungen: 1) bei Zahnradbetrieb nur 25 km/h
2) Zahnradtriebwerk: 420 mm
3) Zahnradtriebwerk: 450 mm
4) später auf 3,2 t vergrößert
5) später auf 8,0 m^3 vergrößert

Die kaiserlich-königlichen österreichischen Staatsbahnen (kkStB) nahmen am 15. September 1891 in der Steiermark die Zahnradbahn Vordernberg–Eisenerz in Betrieb. Die Strecke, die Steigungen bis 71,5 Promille aufwies, diente in erster Linie zum Abtransport der in Erzberg gewonnen Mineralien zu den Hüttenwerken in Donawitz und Linz. Für den Betrieb auf der als »Erzbahn« bezeichneten Strecke, die mit Zahnstangen der Bauart Abt ausgerüstet war, beschafften die kkStB 1890 von der Lokomotivfabrik Floridsdorf vier C1´n2-Zahnradtenderloks, die für den gemischten Adhäsions- und Zahnradbetrieb konstruiert waren. Die als Reihe 69 bezeichneten Maschinen erfüllten die Erwartungen der kkStB vollauf, sodass bis 1908 in mehreren Baulosen weitere 14 Maschinen folgten. Im Lauf der Jahre wurden die Maschinen technisch überarbeitet. Die robusten Tenderloks bildeten über Jahrzehnte hinweg das Rückgrat in der Zugförderung auf der Erzbahn und waren stets in Vordernberg stationiert. Bei der Übernahme der »Erzbahn« durch die Deutsche Reichsbahn (DRB) im Jahr 1938 waren noch alle 18 Loks der Reihe 69 vorhanden, die nun als Baureihe 97^2 bezeichnet wurden. Durch Umsetzungen während des Zweiten Weltkriegs und Verkäufe nach Ungarn verringerte sich bis 1956 der Bestand der Baureihe 97, wie die Zahnradloks bei den Österreichischen Bundesbahnen (ÖBB) ab 1953 hießen, auf 14 Exemplare. Zu Leistungssteigerung wurden fünf Maschinen mit einem Giesl-Flachejektor ausgerüstet. Erst mit dem Einsatz von Dieseltriebfahrzeuge im Reisezugdienst konnten die ÖBB ab 1973 den Einsatzbestand der Baureihe 97 schrittweise verringern. Am 12. April 1978 endete schließlich die Dampflokzeit am Erzberg.

Von 1891 bis 1978 waren die Zahnrad-Dampfloks der Reihe 69 (DRB-Baureihe 972) auf der »Erzbahn« im Einsatz. Die 1906 gebaute 97 214 schied 1956 aus dem Bestand aus. Drei Maschinen blieben der Nachwelt als Denkmal oder Museumsstück erhalten.

Österreichs Schmalspur-Dampflok – die Reihe U
(ÖBB-Reihe 298)

Die Steiermärkischen Landesbahnen (StmLB) nahmen am 9. Oktober 1894 auf der rund 76 km langen Schmalspurbahn (760 mm Spurweite) Unzmarkt–Mauterndorf den Personen- und Güterverkehr auf. Für die als »Murtalbahn« bekannte Strecke hatten die StmLB bei der Firma Krauss in Linz die Entwicklung einer robusten und leistungsfähigen Tenderlok in Auftrag gegeben. Um die Forderung nach einer hohen Leistung bei möglichst geringer Achsfahrmasse erfüllen zu können, entschieden sich die Ingenieure der Firma Krauss für die Achsfolge C1´. Die hintere Laufachse nahm dabei das Gewicht des großzügig ausgelegten Rostes und des Stehkessels auf. Dazu wurde der Lokrahmen hinter den drei Kuppelachsen verbreitert, sodass die Laufachse zwischen den Rahmenwangen lag. Die hintere Laufachse bildete mit der dritten Kuppelachse ein Krauss-Helmholtz-Gestell, was den Maschinen sehr gute Laufeigenschaften verlieh. Die vier von den StmLB beschafften Loks bewährten sich so gut, dass auch die kaiserlich-königlichen österreichischen Staatsbahnen (kkStB) diese Type beschafften. In Anlehnung an den Ausgangsbahnhof Unzmarkt der Murtalbahn bezeichneten die kkStB die C1´n2t-Schmalspurloks als Reihe U. Die Reihe U entwickelte sich in den folgenden Jahren zu *der* österreichischen Schmalspur-Dampflok schlechthin. Neben den kkStB, die bis 1913 insgesamt 43 Maschinen in Dienst stellten, beschafften auch die Niederösterreichischen Landesbahnen (NÖLB), die Friedländer Bezirksbahnen (FB) und die Zillertalbahn (ZB) die Reihe U.

Bauart		**C1´n2t**
Länge über Puffer	mm	7.182
Höchstgeschwindigkeit v/r	km/h	35/35
Zylinderdurchmesser	mm	290
Kolbenhub	mm	400
Treib- und Kuppelraddurchmesser	mm	820
Laufraddurchmesser h	mm	570
Kesselüberdruck	kp/cm²	12
Rostfläche	m²	1,0
Verdampfungsheizfläche	m²	46,67
Brennstoffvorrat	t	1,4
Wasserkasteninhalt	m³	3,2
Leistung	PS	190

Nach dem Ersten Weltkrieg verblieben lediglich sechs Exemplare der Reihe U in Österreich. Durch die Übernahme der NÖLB durch die Österreichischen Bundesbahnen (BBÖ) erhöhte sich der Bestand auf 12 Maschinen, den die Deutsche Reichsbahn (DRB) 1938 zu als 99 7811 bis 99 7822 einreihte. Alle 12 Loks gelangten nach dem Zweiten Weltkrieg zu den Österreichischen Bundesbahnen (ÖBB), die sie fortan als Baureihe 298 führten. In Gmünd, Garsten, Treibach-Althofen und Zell am See waren die 298er noch viele Jahre unersetzlich. Erst 1981 endete der Planeinsatz der Reihe U, von der mehrere als Museumsstücke in Österreich, der Schweiz und Tschechien erhalten geblieben sind.

Die Reihe U ist der Inbegriff der österreichischen Schmalspur-Dampflok. Die U 25 kam fabrikneu zur Bregenzerwaldbahn und wurde erst 1982 ausgemustert.

Nachbau mit Heißdampf – die Reihe Uh
(ÖBB-Reihe 498)

Bauart		C1'h2t
Länge über Puffer	mm	8.020
Höchstgeschwindigkeit v/r	km/h	40/40
Zylinderdurchmesser	mm	350
Kolbenhub	mm	400
Treib- und Kuppelraddurchmesser	mm	820
Laufraddurchmesser h	mm	570
Kesselüberdruck	kp/cm²	13
Rostfläche	m²	1,06
Verdampfungsheizfläche	m²	44,33
Brennstoffvorrat	t	1,32
Wasserkasteninhalt	m³	3,0

Im Ersten Weltkrieg war Österreich gezwungen, zahlreiche Maschinen der Reihe U (siehe S. 59) abzugeben. Diese Lücken mussten die Österreichischen Bundesbahnen (BBÖ) in den 1920er-Jahren durch neue Fahrzeuge schließen. Dabei griffen die BBÖ auf die bewährte Reihe U zurück, deren Konstruktion aber gründlich überarbeitet wurde. Lediglich Rahmen und Fahrwerk der U übernahmen die Ingenieure für die neue Type fast ohne Änderungen. Der Kessel wurde höher gelegt, sodass nun der Aschkasten vergrößert werden konnte, und mit einem Überhitzer versehen. Außerdem wurden der Kesseldruck erhöht und der Zylinderdurchmesser vergrößert. Anstelle der bisherigen Heusinger-Steuerung kam nun eine Ventilsteuerung der Bauart Caprotti zum Einsatz. Die ersten beiden Exemplare der neuen Reihe Uh lieferte die Firma Krauss 1928 an die BBÖ. Bis 1930 folgten weitere vier Maschinen. 1931 kamen noch zwei weitere Exemplare zu den BBÖ, die jedoch die Wiener Lokomotivfabrik Floridsdorf gebaut hatte. Diese besaßen anstelle der Caprotti-Steuerung eine Lentz-Ventilsteuerung. Die Reihe Uh war die letzte in Österreich konstruierte Schmalspur-Dampflok. Die BBÖ verteilten die Reihe Uh auf die Strecken Zell am See–Krimml, Bregenz–Bezau, Waidhofen (Ybbs)–Kienberg-Gaming und Obergrafendorf–Ruprechtshofen. Außerdem beschaffte die Zillertalbahn ein Exemplar der Reihe Uh.

Nach der Übernahme der BBÖ durch die Deutsche Reichsbahn (DRB) trugen die Schmalspur-Dampfloks die Betriebsnummern 99 821 bis 99 828. Alle acht Maschinen verblieben nach dem Zweiten Weltkrieg in Österreich, wo sie ab 1953 als Baureihe 498 geführt wurden. 1960 schrumpfte der Bestand auf fünf Maschinen zusammen, die aber nach ihrer Ausmusterung 1973 alle als Denkmäler oder Museumsmaschinen erhalten blieben. Neben der Uh.102 des »Wälderbähnle« in Bezau ist auch die Uh der Zillertalbahn bis heute betriebsfähig.

Auf der Grundlage der Reihe U entwickelte die Firma Linz die Heißdampfloks der Reihe Uh.

Die Lok für die Ybbstalbahn – die Reihe Yv

(ÖBB-Reihe 598)

Bauart		C2′n2vt
Länge über Puffer	mm	8.234
Höchstgeschwindigkeit v/r	km/h	35/35
Zylinderdurchmesser HD/ND	mm	320/500
Kolbenhub	mm	400
Treib- und Kuppelraddurchmesser	mm	820
Laufraddurchmesser h	mm	570
Kesselüberdruck	kp/cm^2	13
Rostfläche	m^2	1,03
Verdampfungsheizfläche	m^2	56,29
Brennstoffvorrat	t	1,32
Wasserkasteninhalt	m^3	3,2

Die kaiserlich-königlichen österreichischen Staatsbahnen (kkStB) übergaben am 15. Juli 1896 die als »Ybbstalbahn« bekannte Schmalspurstrecke (760 mm Spurweite) Waidhofen (Ybbs)–Kienberg-Gaming ihrer Bestimmung. Für die Zugförderung auf der Strecke hatte der Chefkonstrukteur der kkStB, Karl Gölsdorf (1861–1916), eine neue Schmalspur-Maschine entwickelt. Um den gewünschten leistungsfähigen Kessel unterbringen zu können, entschied sich Gölsdorf für die Achsfolge C2′. Wie bei der Reihe U war auch bei der neuen als Reihe Yv bezeichneten Type der Rahmen hinter den drei Kuppelachsen nach außen erweitert. Dadurch lagen der Aschkasten und die beiden hinteren Laufachsen innerhalb der Rahmenwangen. Die beiden Laufachsen waren dabei zu einem Drehgestell zusammengefasst. Der Kessel der Reihe Yv wurde deutlich größer ausgelegt und der Kesseldruck auf 13 kp/cm^2 erhöht.

Im Gegensatz zur Reihe U besaß die für die Ybbstalbahn entwickelte Gattung ein Zweizylinder-Verbund-Triebwerk. Neu war auch die von Karl Gölsdorf entwickelte Steuerung. Deren Winkelhebelsystem machte die in der Herstellung teure Schwinge der Heusinger-Steuerung überflüssig. 1896 stellten die kkStB insgesamt drei Maschinen der Reihe Yv in Dienst. Über Jahrzehnte hinweg wickelten die drei Maschinen den Personen- und Güterverkehr auf der Ybbstalbahn ab. Dort wurden sie 1938 von der Deutschen Reichsbahn (DRB) übernommen und als 99 901 bis 99 903 umgezeichnet.

Auch nach dem Zweiten Weltkrieg blieben sie ihrer angestammten Heimat treu. Ab 1953 führten die Österreichischen Bundesbahnen (ÖBB) die ehemalige Reihe Yv als Baureihe 598 in ihren Unterlagen. Am Ende ihrer Laufbahn gelangten die Loks zur Zugförderstelle Gmünd. Von dort aus kamen sie auf den Schmalspurbahnen im Waldviertel zum Einsatz. Erst 1973 musterten die ÖBB alle drei 598er aus. 598.02 ist heute als Yv.2 betriebsfähige Museumslok auf der Ybbstalbahn.

Für die Ybbstalbahn entwickelte die Firma Krauss in Linz die Reihe Yv, von der aber nur drei Exemplare gebaut wurden.

Die erste tschechoslowakische Dampflok – die Reihe 365.0 (CSSR)

Bauart		1'C1'h2
Höchstgeschwindigkeit v/r	km/h	90/50
Zylinderdurchmesser	mm	570
Kolbenhub	mm	680
Treib- und Kuppelraddurchmesser	mm	1.780
Laufraddurchmesser v/h	mm	994/994
Kesselüberdruck	kp/cm²	13
Rostfläche	m²	4,0
Verdampfungsheizfläche	m²	214,7

Nach dem Zerfall der Doppelmonarchie Österreich-Ungarn wurde am 28. Oktober 1918 in Prag ein selbstständiger tschechoslowakischer Staat (CSR) ausgerufen. Die vorläufige Nationalversammlung wählte am 14. November 1918 einen Staats- und einen Ministerpräsidenten. Parallel dazu wurden die Tschechoslowakischen Staatsbahnen (CSD) gegründet, die ein rund 13.000 km langes Streckennetz übernahmen. Aufgrund des so genannten Status-quo-Abkommens von Portorose vom November 1921 fielen den CSD aus dem Bestand der ehemaligen kaiserlich-königlichen österreichischen Staatsbahnen (kkStB) mehr als 2.900 regelspurige Dampfloks zu. Doch mit diesen Fahrzeugen konnten die CSD nur mehr schlecht als recht die Zugförderung aufrechterhalten, denn der Fahrzeugpark war zumeist überaltert und bestand überwiegend aus Splittergattungen. Rund 200 verschiedene Bauarten gehörten zum Bestand der CSD, deren älteste Maschine aus dem Jahr 1858 stammte. Angesichts dieser Umstände begannen die CSD umgehend mit der Beschaffung neuer Maschinen. Zunächst baute die junge Staatsbahn bewährte österreichische Typen, wie z.B. die Reihe 629 (siehe S. 54 f.), nach.

Parallel dazu begannen die ersten Vorarbeiten für eigene tschechoslowakische Typen. Dabei mussten jedoch verschiedene Prämissen beachtet werden: Zum einen durfte die Achsfahrmasse aufgrund des schwachen Oberbaus höchstens 16 t betragen, außerdem wiesen die meisten Strecken der CSD Steigungen auf. Aus diesen Gründen benötigten die CSD leichte aber leistungsfähige und universell einsetzbare Maschinen. Diese Forderungen erfüllte bereits 1921 die Erste Böhmisch-Mährische Maschinenfabrik Prag-Lieben (BMMF) mit ihrer Reihe 365.0. Die 1'C1'h2-Schlepptenderlok war die erste eigene Entwicklung für die CSD, die insgesamt 40 Exemplare dieser robusten und leistungsfähigen Type in Dienst stellte. Über Jahre hinweg bewährten sich die Maschinen, die noch typisch österreichische Konstruktionsmerkmale besaßen, im Schnell-, Personen- und Güterzugdienst. Erst Mitte der 1960er-Jahre begann die Ausmusterung der ersten tschechoslowakischen Dampfloks. Lediglich die 365.020 blieb als Schaustück für das Nationaltechnische Museum in Prag erhalten.

Die Reihe 365.0 war die erste Neuentwicklung der CSD. Die Universalmaschinen kamen im grenzüberschreitenden Verkehr auch bis nach Gmünd in Niederösterreich.

Die »Schöne Helena« – die Reihe Pm 36 (Polen)

Bauart		2'C1'h2
Länge über Puffer (Tender Reihe 32 D 36)	mm	24.843
Höchstgeschwindigkeit v/r	km/h	140/50
Zylinderdurchmesser	mm	530
Kolbenhub	mm	700
Treib- und Kuppelraddurchmesser	mm	2.000
Laufraddurchmesser v/h	mm	950/1.150
Kesselüberdruck	kp/cm^2	18
Rostfläche	m^2	3,86
Verdampfungsheizfläche	m^2	198,0
Brennstoffvorrat	t	9
Wasserkasteninhalt	m^3	32
Leistung	PS	1.800

Die Polnischen Staatsbahnen (PKP) beobachten Anfang der 1930er-Jahre aufmerksam die internationalen Entwicklungen mit stromlinienförmigen Verkleidungen für Dampfloks. Nach den Erfolgen der Deutschen Reichsbahn-Gesellschaft (DRG) mit der Baureihe 05 (siehe S. 34 f.) planten die PKP auch die Beschaffung von Stromlinien-Dampfloks. Die Entwicklung der gewünschten Maschinen übernahm 1936 die Lokomotivfabrik Chrzanow. Bereits ein Jahr später stellten die PKP die beiden Baumuster als Pm 36-1 und Pm 36-2 in Dienst. Allerdings besaß die Pm 36-2 keine Stromlinienverkleidung. Die Pm 36-1 wurde ein Jahr später auf der Weltausstellung in Paris der Öffentlichkeit präsentiert, wo sie eine Goldmedaille errang.

Nach dem Einmarsch der Deutschen Wehrmacht in Polen 1939 gehörte die Pm 36-2 zur Generaldirektion der Ostbahnen (Gedob).

Die PKP beschafften von der Reihe Pm 36 nur zwei Maschinen. Die stromlinienverkleidete Pm 36-1 ging während des Zweiten Weltkrieges verloren. Pm 36-2 ist hingegen bis heute betriebsfähig.

Allerdings erhielt die Maschine im Gegensatz zu allen anderen Gedob-Loks keine Reichsbahn-Nummer.

Der Verbleib der stromlinenverkleideten Pm 36-1 ist hingegen bis heute ungeklärt. Nach Kriegsende gelangte die Pm 36-2 wieder zu den PKP, die die Maschine 1947 im Ausbesserungswerk Bydgoszcz instandsetzen ließen. Danach wurde sie von den Depots Gdynia, Torun, Ostrow Wlkp und Poznan im Schnellzugdienst eingesetzt. Die Einzelgängerin wurde von den Personalen aufgrund ihrer eleganten Gestaltung als die »Schöne Helena« bezeichnet. Nach ihrem Ausscheiden aus dem Plandienst blieb die Pm 36-2 als Museumslok der PKP erhalten. Nach einer Hauptuntersuchung im Jahr 1995 wurde die Maschine zum Museums-Depot Wolsztyn umgesetzt, wo sie seither betreut wird. Auf Initiative englischer Eisenbahnfreunde wurde die »Schöne Helena« im September 1999 grün lackiert.

P 8-Nachbau – die Reihe Ok 22
(Polen)

Bauart		2'Ch2
Länge über Puffer (Tender Reihe 22 D 23)	mm	18.540
Höchstgeschwindigkeit v/r	km/h	100/50
Zylinderdurchmesser	mm	575
Kolbenhub	mm	630
Treib- und Kuppelraddurchmesser	mm	1.750
Laufraddurchmesser v	mm	1.000
Kesselüberdruck	kp/cm^2	12
Rostfläche	m^2	4,0
Verdampfungsheizfläche	m^2	184,2
Brennstoffvorrat	t	10
Wasserkasteninhalt	m^3	21,5
Leistung	PS	980

Den Polnischen Staatsbahnen (PKP) verblieben nach dem Ersten Weltkrieg 190 Exemplare der preußischen P 8 (siehe Seite 46 f.). Die hier als Ok 1 bezeichneten Maschinen wurden meist im schweren Reisezugdienst eingesetzt. Da die vorhandenen Loks nicht ausreichten, benötigten die PKP weitere leistungsstarke Personenzugloks. Mit deren Entwicklung wurde die Hannoversche Maschinenbau-AG (Hanomag) beauftragt. Die Hanomag griff dabei auf die Pläne der P 8 zurück, passte diese aber den Wünschen der PKP an. Da die als Ok 22 bezeichnete Type für die Verfeuerung minderwertiger Kohle ausgelegt sein sollte, musste die Rostfläche erheblich vergrößert werden. Dies war nur möglich, nachdem die Kesselmitte auf 3.150 mm über Schienenoberkante angehoben wurde. Damit lag der Rost nun über dem Blechrahmen. Obwohl die Konstruktion des P 8-Ablegers bereits 1922 abgeschlossen war und die ersten Baumuster ab 1923 zur Verfügung standen, konnten die PKP aus finanziellen Gründen erst 1928 die Serienmaschinen bei der Lokomotivfabrik Chrzanow in Auftrag geben. Bis 1934 stellten die PKP insgesamt 185 Exemplare der Reihe Ok 22 in Dienst. Gemeinsam mit der Ok 1 bildete sie nun das Rückgrat im schweren Reisezugdienst. Erst Mitte der 1970er-Jahre hatte die Ok 22 ausgedient. Die meisten Maschinen wurden in der Folge ausgemustert. Lediglich die Ok 22-31 blieb als Schaustück für das Eisenbahnmuseum Warschau erhalten. Aufgrund fehlenden Platzes in Warschau wurde die Maschine später im Museums-Depot Wolsztyn abgestellt. Seit 2004 gehört die Ok 22-31 zu den betriebsfähigen Dampfloks des Depots Wolsztyn.

Bei der Entwicklung der Ok 22 wurde auf die Pläne der preußischen P 8 zurückgegriffen. Charakteristisch für die Ok 22 ist der hoch liegende Kessel.

Neuentwicklung – die Reihe Ol 49
(Polen)

Zwischen 1951 und 1954 stellten die PKP insgesamt 115 Exemplare der Reihe Ol 49 in Dienst. Einige von ihnen setzt das Depot Wolsztyn noch immer im Plandienst ein.

Bauart		**1'C1'h2**
Länge über Puffer (Tender Reihe 25 D 49)	mm	20.675
Höchstgeschwindigkeit v/r	km/h	100/50
Zylinderdurchmesser	mm	500
Kolbenhub	mm	630
Treib- und Kuppelraddurchmesser	mm	1.750
Laufraddurchmesser v/h	mm	850/850
Kesselüberdruck	kp/cm^2	16
Rostfläche	m^2	3,7
Verdampfungsheizfläche	m^2	162,9
Brennstoffvorrat	t	12
Wasserkasteninhalt	m^3	25
Leistung	PS	1.300

Nach dem Zweiten Weltkrieg befand sich der Fahrzeugpark der Polnischen Staatsbahnen (PKP) in einem desolaten Zustand. Um die Lage so schnell wie möglich zu entspannen, legten die PKP ein großzügiges Neubauprogramm für Dampfloks auf. Dazu gehörten neben fünf Güterzug- und einer Schnellzug-Type auch eine neue Personenzugmaschine. Die Entwicklung der 1´C1´h2-Schlepptendermaschine übernahm 1949 die Lokomotivfabrik Chrzanow. Bereits 1951 verließ das Baumuster der als Reihe Ol 49 bezeichneten Type das Herstellerwerk. Charakteristisch für die Maschine waren die neben dem Schornstein angeordneten Windleitbleche. Bei den anschließenden Probefahrten erwies sich die Ol 49 als äußerst spurt- und zugstark. Auch die Laufeigenschaften der Maschinen waren außergewöhnlich gut. Bei Testfahrten erreichte der Prototyp spielend Geschwindigkeiten von bis zu 120 km/h. Für die Serienfertigung, die im März 1952 anlief, waren nur wenige Änderungen notwendig. Bis 1954 lieferte die Lokomotivfabrik Chrzanow insgesamt 115 Personenzugloks der Reihe Ol 49 an die PKP.

Die Ol 49 war in fast allen Regionen der Volksrepublik Polen im Einsatz. Bis Ende der 1980er-Jahre war sie in vielen Depots unverzichtbar. Erst Anfang der 1990-Jahre wurde das Ende der Ol 49 in der Zugförderung eingeleitet. Nach dem Ende der Dampftraktion in fast allen polnischen Depots blieben aber mehrere Ol 49 erhalten. Im Museums-Depot Wolsztyn sind derzeit zwei Maschinen stationiert, die noch immer planmäßig eingesetzt werden.

Umgekehrte Anordnung – die Gruppe 670
(Italien)

Bauart		C2´n4v
Zylinderdurchmesser HD/ND	mm	360/590
Kolbenhub	mm	650
Treib- und Kuppelraddurchmesser	mm	1.920
Kesselüberdruck	kp/cm²	15
Rostfläche	m²	3,0
Verdampfungsheizfläche	m²	211,01

Die Schnellzugloks der Reihe 670 der FS besaßen einen Frontführerstand. Der Wasserwagen lief daher hinter der Rauchkammer der Maschine.

Auf der Pariser Weltausstellung im Jahr 1900 sorgte die italienische Eisenbahn-Gesellschaft *Rete Adriatica* mit ihrer Schnellzug-Dampflok 3701 in der Fachwelt für Aufsehen. Der Leiter des Maschinentechnischen Büros der Direktion Hannover und Professor für Eisenbahnwesen an der Technischen Hochschule Berlin, August von Borries (1852–1906), schrieb im »Organ für die Fortschritte des Eisenbahnwesens«: *»Die (...) ausgestellte (...) Schnellzuglokomotive bietet sowohl in ihrer Gesamtanordnung als auch im Triebwerk etwas völlig Neues. Der Führerstand ist über dem Drehgestell, vorn vor der Feuerkiste, die Rauchkammer über den Zylindern hinten angebracht. Die beiden Hochdruckzylinder auf der einen, die beiden Niederdruckzylinder auf der anderen Seite, mit gegenläufigen Kolben, von je einem Kolbenschieber gesteuert, ergeben eine einfachere Anordnung (...), macht aber eine besondere Anfahrvorrichtung notwendig.«* Die Vorräte waren verteilt: Während die Kohle auf dem Führerstand untergebracht war, wurde das Wasser in einem Tankwagen hinter der Rauchkammer mitgeführt. Die *Rete Adriatica* verfolgte mit dieser Anordnung zwei Ziele: Sie wollte die Streckensicht verbessern und die Rauchbelästigung auf dem Führerstand verringern.

Die ungewöhnliche Maschine erfüllte die in sie gesetzten Erwartungen. Bei Probefahrten in Frankreich erreichte die Lok 3701 eine Höchstgeschwindigkeit von 126 km/h. Anschließend beschafften die *Rete Adriatica* und die 1905 gegründete Italienische Staatsbahn (FS) bis 1906 insgesamt 43 Exemplare der als Gruppe 670 bezeichneten C2´n4v-Schnellzuglok. Zwischen 1919 und 1924 baute die FS 13 Loks auf Heißdampf um (Gruppe 671). Die 670.030 wurde als erste Lok in Italien 1935 mit einer Stromlinienverkleidung ausgerüstet und erhielt zusätzlich einen Franco-Crosti-Vorwärmer. Nach diesem Umbau wurde die Lok in 672.001 umgezeichnet. Bereits Ende der 1930er-Jahre trennte sich die FS von den Maschinen der Gruppe 670. Im Sommer 1946 gehörte nur noch die Stromlinienlok 672.001 zum Betriebspark der FS. Wenig später ging auch sie den Weg des alten Eisens.

Die »Super-Pacific« – die Reihe 231 der französischen Nordbahn

Bauart		2´C1´h4vt
Länge über Puffer (Tender Reihe 35.1)	mm	27.130
Höchstgeschwindigkeit v/r	km/h	130/50
Zylinderdurchmesser HD/ND	mm	440/620
Kolbenhub HD/ND	mm	660/690
Treib- und Kuppelraddurchmesser	mm	1.900
Laufraddurchmesser v/h	mm	950/1.040
Kesselüberdruck	kp/cm^2	17
Rostfläche	m^2	3,48
Verdampfungsheizfläche	m^2	191,4
Brennstoffvorrat	t	9
Wasserkasteninhalt	m^3	37
Leistung	PS	1.800

Die »Compagnie des Chemins de Fer du Nord« (Nordbahn) begann im Vergleich zu anderen französischen Bahngesellschaften erst relativ spät mit der Beschaffung von Schnellzug-Dampfloks der Achsfolge 2´C1´. Nach dem Ende des Ersten Weltkriegs standen lediglich 20 »Pacifics« in Diensten der Nordbahn. Allerdings hatte diese bereits 1914 mit der Entwicklung einer neuen 2´C1´h4v-Maschine begonnen, die bei ihrer Indienststellung allen ihren französischen Schwester-Typen überlegen war. In der Ebene sollte diese, später von den Personalen als »Super« bezeichnete Maschine, einen 650 t schweren Schnellzug mit 120 km/h befördern. Das erste Baulos der »Super« wurde in den Jahren 1923/24 von den bahneigenen »Ateliers du Nord de la France« (ANF) in Blanc Misseron gebaut. 1929 folgte eine zweite Serie, von der die Lok 3.1246 auf der Weltausstellung in Lüttich 1930 ausgestellt wurde. Die letzte Serie (3.1251–3.1290) folgte dann 1930 von der »Société Française de Construktion Mécanique á Denain« (CAIL), bei der jedoch durch die Anhebung des Kesseldruckes von 16 auf 17 kp/cm^2 die Leistung auf 1.800 PS gesteigert werden konnte. Neu waren außerdem die Windleitbleche. Alle 90 »Super« der Nordbahn waren kastanienbraun lackiert.

Nach der Gründung der »Nationalgesellschaft der französischen Eisenbahnen« (SNCF) verloren die Maschinen ihre angestammten Betriebsnummern. Die SNCF zeichnete die Loks zu 231 C 1 bis C 88 um. Die beiden zu Zweizylinderloks umgebauten Maschinen trugen die Nummern 231 D 1 und D 2 und wurden 1946 ausgemustert. Die Loks der Reihe 231 Cwaren aber weiterhin in Amiens, Aulnoye, Calais, Fives und La Chapelle stationiert. Von hier aus bespannten sie schwere Schnellzüge auf den Strecken Paris–Calais, Paris–Lille, Paris–Brüssel und Paris–Lüttich. Bereits in den 1950er-Jahren konnte die SNCF schrittweise auf die »Super« der ehemaligen Nordbahn verzichten. 1963 wurden die letzten von ihnen abgestellt. Als Schaustück für das Eisenbahnmuseum der SNCF blieb die 231 C 78 erhalten.

Die »Pacifics« der französischen Nordbahn wurden aufgrund ihrer Leistung von den Personalen als »Super« bezeichnet.

Die Schweden kommen – die Baureihe E
(Dänemark)

		E 964-974 (E I)	E 975-999 (E II)
Bauart		2'C1 h4v	2'C1'h4v
Länge ü. Puffer	mm	21.300	21.265
Höchstgeschwindigkeit v/r	km/h	110	110
Zylinderdurchmesser (Hoch- / Niederdruckzylinder)	mm	420 / 630	420 / 630
Kolbenhub	mm	660	660
Treib- und Kuppelraddurchmesser	mm	1.886	1.896
Laufraddurchmesser v/h	mm	984 / 1.112	984 / 1.112
Kesselüberdruck	kp/cm²	13	13
Rostfläche	m²	3,6	3,6
Verdampfungsheizfläche	m²	189,3	184,7
Brennstoffvorrat	t	6,5	6,5
Wasserkasteninhalt	m³	21,0	25,0

Mitte der 1930er-Jahre benötigte die Dänische Staatsbahn (DSB) neue Lokomotiven für schwere Schnellzüge. Da machte die Schwedische Staatsbahn (SJ) den Dänen das Angebot, ihre ausgemusterten Loks der Reihe F aus den Jahren 1914 bis 1916 zum Schrottpreis zu erwerben. Die 2'C1'-Schnellzuglok mit Vierzylinder-Verbundtriebwerk, die der Chefkonstrukteur der SJ, Carl Flodin, entworfen hatte, fiel durch ihr windschnittiges Führerhaus mit Holzrahmen, die spitze Rauchkammertür sowie die geneigten Zylinder und den außenliegende Drehgestellrahmen der Laufachsen auf.

1937 kamen die Loks nach Dänemark und wurden zunächst in den Kopenhagener Zentralwerkstätten der DSB aufgearbeitet: Steuerung und Armaturen versetzte man auf die rechte Kesselseite und baute Führerhäuser aus Stahl. Darüber hinaus waren Anpassungen bei Lokschuppen und Versorgungseinrichtungen sowie der Bau von 20 m-Drehscheiben notwendig. Schließlich gingen alle Maschinen ab 1937 als DSB E 964-974 mit dem Spitznamen »Svenskerne« – die Schweden – in Dienst.

Während der deutschen Besetzung Dänemarks 1940-1945 musste die DSB kurzfristig die Zahl ihrer Dampfloks erhöhen. Als schnellste Lösung wurde der Nachbau bewährter Typen beschlossen. Von der Reihe E wurden 1940-1947 in vier Losen insgesamt 25 Loks geordert, die als E II die Betriebsnummern E 975-999 erhielten. Gegenüber dem schwedischen Vorbild sind die E II am zusätzlichen Dom zur Dampftrocknung und an den vergrößerten Seitenfenstern des Führerhauses zu erkennen. Die Auslieferung der Loks verzögerte sich, erst 1950 wurde E 999 fertiggestellt. In den 1950er- und 60er- Jahren waren die E landesweit vor Reise- und Güterzügen im Einsatz, bis sie durch die neuen Dieselloks verdrängt wurden. Der letzte Planeinsatz einer E erfolgte 1970. Insgesamt sieben Exemplare sind als Museums- oder Denkmalslok erhalten.

»Danmarks Jernbanemuseum« erhält E 991, eine Lok vom Typ E II. Die nachgebauten Maschinen erkennt man am hinteren Dampfdom.

Von der »Atlantic« zur »Pacific« – die Baureihe PR (Dänemark)

Bauart		2'C1'h4v
Länge ü. Puffer (Tender Bauart 4)	mm	19.515
Höchstgeschwindigkeit v/r	km/h	100
Zylinderdurchmesser (Hochdruck-/Niederdruckzylinder)	mm	360 / 600 [1)]
Kolbenhub	mm	640 [1)]
Treib- und Kuppelraddurchmesser	mm	1.730
Laufraddurchmesser v/h	mm	800
Kesselüberdruck	kp/cm²	13
Rostfläche	m²	2,6
Verdampfungsheizfläche	m²	154,6
Brennstoffvorrat	t	6,0
Wasserkasteninhalt	m³	23,0

1) = PR 904 abweichend, da mit dem kleineren Zylinderblock der Serie P I ausgestattet.

Die deutsche Besetzung Dänemarks 1940-1945 forderte von der DSB höhere Transportleistungen und damit stärkere Lokomotiven. Da Neubauten wegen des Materialmangels Schwierigkeiten bereiteten, beschloss die DSB, die Baureihe P von einer Schnellzuglok in eine Universaltype umzubauen. Es wurde eine weitere Kuppelachse zur Verringerung der Achslast sowie kleinere Durchmesser der Kuppelräder vorgeschlagen. Den Umbau übernahm die »Centralværkstedet København« (CvK) der DSB unter Leitung des Ingenieurs V. Voldmester. Das DSB-Konzept erweiterte die Achsfolge 2'B1' der P um eine Kuppelachse 2'C1', machte aus der »Atlantic« eine »Pacific«. Von der Reihe P wurde der Zylinderblock mit der innenliegenden Steuerung, der Langkessel mit Rauchkammer sowie Teile des Rahmens und die gekröpfte Treibachse übernommen. Von der Baureihe H wurde das Führerhaus und die schmale Feuerbüchse übernommen, die über ein konisches Kesselstück eingebunden wurde. Neu waren auch die Laufräder, die von ausgemusterten Loks der Reihe A stammten, sowie die Kuppelradsätze aus dem Ersatzteilbestand der Reihe S. Die neue Baureihe erhielt die Bezeichnung PR, wobei die Betriebsnummern der ehemaligen P übernommen wurden. Umgebaut wurden die Loks 901, 904, 905, 908, 921, 926 und 930.

1943 wurde als erste Lok P 904 (Serie P I) zu PR 904 umgebaut. Sie erwies sich nach einigen Kinderkrankheiten als gelungene Konstruktion. Bis 1955 folgten sechs weitere Loks, die alle die großen Zylinderblöcke der Serie P II erhielten. Nach ersten Einsätzen auf Seeland wurden 1949 alle PR nach Jütland verlegt und in Esbjerg stationiert. Neben dem Reisezugverkehr waren die Loks auch vor Güterzügen im Einsatz. Der Einsatz der PR endete 1963 mit der fortschreitenden Umstellung auf Dieseltraktion. Das Danmarks Jernbanemuseum erhält PR 908.

PR 908 wurde 1908 von der Hanomag als 2'B1'-Maschine an die DSB geliefert und als P 908 in Dienst gestellt. 1946 wurde sie zum PR 908 umgebaut und 1964 ausgemustert. Sie gehört dem »Danmarks Jernbanemuseum«.

Test-Heißdampfer – die Baureihe F III (Dänemark)

Im Museums-Bw Randers der DSB ist F 428 aus der Reihe F III beheimatet.

Bauart		Ch2T
Länge ü. Puffer	mm	9.580
Höchstgeschwindigkeit v/r	km/h	50
Zylinderdurchmesser	mm	406
Kolbenhub	mm	610
Treib- und Kuppelraddurchmesser	mm	1.252
Kesselüberdruck	kp/cm^2	12
Rostfläche	m^2	1,0
Verdampfungsheizfläche	m^2	49,9
Brennstoffvorrat	t	1,5
Wasserkasteninhalt	m^3	3,5

Zur Erprobung von Heißdampfloks im Rangierdienst bestellte die Dänische Staatsbahn (DSB) bei der Schweizerischen Lokomotiv- und Maschinenfabrik Winterthur (SLM) acht Loks mit Kleinrohrüberhitzer. Als drittes Baumuster der DSB-Baureihe F wurden die Maschinen daher allgemein als Reihe »F III« bezeichnet. Die für 1917 geplante Auslieferung verzögerte sich aber kriegsbedingt um ein bzw. zwei Jahre. Weil die Loks mit der vorhandenen Baureihe F II verglichen werden sollten, erhielten sie gleich dimensionierte Kessel, Treibräder und Vorräte. Äußerlich unterschied sich die F III vom älteren Muster durch einen höherliegenden Kessel, wodurch der Wasserkasten im Rahmen untergebracht werden konnte. Umgangssprachlich nannten die dänischen Eisenbahner die Maschinen »høje F« oder »svejtser F«.

Anfänglich wurden die F III im Rangierdienst am Güterbahnhof von Kopenhagen eingesetzt. Als Dänemark 1920 per Volksentscheid wieder in den Besitz von Sønderjylland gelangte, das von 1864 bis 1920 zu Nordschleswig gehörte, erhielt die DSB dort das gesamte regelspurige Bahnnetz ohne Rollmaterial. Daher versetzte die Staatsbahn alle F III in dieses Gebiet, wo sie im Nebenbahndienst und für Rangieraufgaben eingesetzt wurden. Insgesamt bewährten sich die Maschinen hervorragend, eine Nachbeschaffung unterblieb aber, da sich die Überhitzer nur im Streckeneinsatz wirtschaftlich bemerkbar machten. Anfang der 1960er-Jahre wurden die Loks ausgemustert und ihre Aufgaben von den Reihen MO und MH übernommen. Lediglich F 428 ist als nicht betriebsfähiges Ausstellungsstück erhalten und gehört zum Bestand vom Danmarks Jernbanemuseum.

Die Umbaulok – die Baureihe S
(Dänemark)

S 736 wurde 1928 von A/S Frichs an die DSB geliefert und gehört heute zum Bestand vom »Danmarks Jernbane-museum«.

Bauart		1'C2'h3T
Länge ü. Puffer	mm	14.860
Höchstgeschwindigkeit v/r	km/h	90
Zylinderdurchmesser	mm	430
Kolbenhub	mm	670
Treib- und Kuppelraddurchmesser	mm	1.730
Laufraddurchmesser v/h	mm	1.054
Kesselüberdruck	kp/cm^2	12, später 13
Rostfläche	m^2	2,4
Verdampfungsheizfläche	m^2	118,2
Brennstoffvorrat	t	3,0 t, später 4,0 t
Wasserkasteninhalt	m^3	10,0
Leistung	PS	930

Für den wachsenden Nahverkehr Kopenhagens beschaffte die Dänische Staatsbahn (DSB) ab 1924 moderne Dreizylinder-Tenderloks als Baureihe S. Die beiden Prototypen der neuen 1'C2'h3-Tenderlok baute die Firma Borsig in Berlin, 18 weitere Maschinen fertigte in den Jahren 1927/28 die dänische Lokomotivfabrik A/S Frichs in Århus.

Mehrmals baute die DSB die Loks um. Anfang der 1930er-Jahre wurde eine Vorrichtung nachgerüstet, um in der Tunnelstrecke »Boulevardbanen« mit der Station Nørreport im Kopenhagener Stadtzentrum die Rauchbelästigung zu vermindern. Hierbei konnte der Abdampf in die Wasserkästen umgeleitet werden, wo er kondensierte und das Speisewasser vorwärmte. Auf freier Strecke wurde der Abdampf wieder durch das Blasrohr geleitet. Ende der 1930er-Jahre erhielten die Loks Windleitbleche, Frontschürzen und ein schräges Abdeckblech unter der Rauchkammer. Ab 1941 wurden vorn und hinten Schneeräumer nach schwedischem Vorbild sowie eine Druckluftbremse nachgerüstet.

Mit der Elektrifizierung des Kopenhagener S-Bahn-Netzes übernahm die Baureihe S andere Einsätze, darunter die Verbindung nach Gedser über die 1937 eingeweihte »Storstrømsbro«. Zur Erhöhung der Reichweite wurden um 1940 die Kohlekästen vergrößert. Die Loks waren im Reise- und Güterzugdienst ausschließlich auf Seeland und Falster eingesetzt, da die Kohlevorräte für die langen Strecken Jütlands nicht ausreichten. Ab 1960 erfolgte schrittweise die Ablösung durch Dieselloks der Reihe MX. S 740 schied 1968 als letzte ihrer Baureihe aus dem täglichen Dienst. Seit 1979 gehörte sie der britischen Museumsbahn Nene Valley Railway und gelangte 1995 zurück nach Dänemark, wo sie seither beim NSJV restauriert wird. Das Danmarks Jernbanemuseum erhält S 736.

Kleine »Adriatic« – die Standard Class 4 Tank (Großbritannien)

Bauart		1'C2 h2
Länge ü. Puffer	mm	13.670
Zylinderdurchmesser	mm	460
Kolbenhub	mm	710
Treib- und Kuppelraddurchmesser	mm	1730
Laufraddurchmesser v/h	mm	910
Kesselüberdruck	kp/cm²	15,8
Rostfläche	m²	2,5
Verdampfungsheizfläche	m²	126,8
Brennstoffvorrat	t	3,6
Wasserkasteninhalt	m³	9,1

Im Jahr 1948 verstaatlichte die britische Regierung die als *Big Four* bekannten Privatbahngesellschaften des Landes, die *Great Western Railway* (GWR), die *London, Midland and Scottish Railway* (LMS), die *London and North Eastern Railway* (LNER) sowie die *Southern Railway* (SR). Obwohl die Umstellung auf Diesel- und Elektrotraktion absehbar war, beschloss die neu gegründete Staatsbahn *British Railways* (BR) 1948 den Bau neuer Dampflokbaureihen, den sogenannten *Standard Classes,* nach einem *Standard Design*. Zu den neuen Baureihen gehörte auch eine 1'C2'h2-Tenderlok der *Class 4*. Ihre Konstruktion basierte auf mehreren zwischen 1927 und 1951 hergestellten Typen der LMS mit derselben Achsfolge, die den Beinamen »Adriatic« besitzt. Der Entwurf der *Class 4* stammte von Robert Arthur Riddles (1892–1983), *Chief Mechanical Engineer* (CME) von BR seit 1948. Aus Gründen der Profilfreiheit erhielt die Lok ein abgeschrägtes Führerhaus.

Zwischen 1951 und 1956 wurden 155 Maschinen geliefert, einen Auftrag von 15 Maschinen stornierte BR wegen der Umstellung von Dampf auf Diesel. Mit Ausnahme der *Western Region* war die *Class 4* in allen Verwaltungsbezirken von BR stationiert. Vor allem vor den Pendlerzügen von und nach London und im Süden des Landes waren sie zu sehen. Doch schon in den 1960er-Jahren kam das Ende der Dampftraktion bei BR. Zunächst traf es ältere Baureihen, ab 1964 begann die Ausmusterung der Class 4. Bereits im Juli 1967 quittierten in der *Southern Region* die letzten neun Exemplare ihren Dienst. In Glasgow nutzte man die 80 002 noch bis 1969 als Heizlok. Nicht weniger als 15 Exemplare der *Class 4* blieben erhalten und sind bei verschiedenen Museumsbahnen im Einsatz.

80080 steht in Diensten der »Midland Railway – Butterley« und rangiert am 23. Februar 2019 in der Station Hammersmith.

Rekordlok – die Class A4
(Großbritannien)

Die A4 Nr. 4498 trug zu Ehren ihres Konstrukteurs den Namen »Sir Nigel Gresley«. Es war die 100. nach seinen Plänen gebaute Pacific-Lokomotive. Am 23. Mai 1959 erreichte sie eine Geschwindigkeit von 112 mph (180,3 km/h) – die schnellste Fahrt einer britischen Dampflok nach dem Zweiten Weltkrieg.

Die Schnellzugloks der *Class A4* sind die berühmteste Baureihe der britischen Bahngesellschaft *London and North Eastern Railway* (LNER): Am 3. Juli 1938 stellte A4 4468 »Mallard« mit 125 mph (201,2 km/h) – einige Quellen sprechen auch von 126 mph (202,8 km/h) – den bis heute gültigen offiziellen Geschwindigkeitsweltrekord für Dampflokomotiven auf. Konstrukteur der Pacific-Schnellzugdampflok war der langjährige *Chief Mechanical Engineer* (CME) der LNER, Sir Herbert Nigel Gresley (1876–1941). Der britische Dampflokkonstrukteur entwarf die 2'C1'-Maschine als Zuglok für den neuen Schnellzug »Silver Jubilee«, mit dem die LNER 1935 anlässlich des 25. Thronjubiläums von König Georg V. eine neue Schnellverbindung zwischen London und Newcastle einrichtete.

Die neue Dreizylinder-Heißdampflok basierte konstruktiv auf der *Class A3*. Sie besaß einen Kessel mit Verbrennungskammer und war mit der sogenannten Gresley-Steuerung ausgestattet, die das Steuerungsgestänge für den mittleren Zylinder einsparte. Der Nachteil: Bei höheren Geschwindigkeiten lief das höher belastete mittlere Treibstangenlager der A4 leicht heiß.

Die LNER beschaffte zunächst vier Exemplare der stromlinienförmig verkleideten A4 mit silberfarbener Lackierung: 2509 »Silver Link«, 2510 »Quicksilver«, 2511 »Silver King« und 2512 »Silver Fox«. Die neuen Lokomotiven bewährten sich von Beginn an. Der »Silver Jubilee« hatte einen solchen Erfolg, dass weitere Schnellverbindungen eröffnet wurden. Dafür beschaffte die LNER in den Jahren 1936 bis 1938 weitere 31 Exemplare der *Class A4*.

Bauart		**2'C1'h3**
Höchstgeschwindigkeit v/r	km/h	201,2 km/h (Weltrekord)
Zylinderdurchmesser	mm	470 mm
Kolbenhub	mm	660 mm
Treib- und Kuppelraddurchmesser	mm	2.032
Laufraddurchmesser v/h	mm	965 / 1.118
Kesselüberdruck	kp/cm²	17,6
Rostfläche	m²	3,83
Verdampfungsheizfläche	m²	239,3
Brennstoffvorrat	t	9
Wasserkasteninhalt	m³	22,7
Leistung	PS	ca. 2.700

Nach der Gründung von *British Railways* im Jahr 1948 behielten die A4 ihre Verkleidung, mit Ausnahme der Abdeckung des Triebwerks und der Treibräder. Mit einer schwarzgrünen Lackierung waren sie bis in die 1960er-Jahre im Einsatz. Am 14. September 1966 rollte zwischen Aberdeen und Glasgow der letzte Planzug, den eine A4 bespannte. Sechs Maschinen, darunter auch die Rekordlok, sind erhalten geblieben.

Goldene Mitte – die Achsfolge D

Beeindruckend sind die Einsatz-Möglichkeiten der Lokomotiven mit vier Kuppelachsen:
Die Konstruktionen reichten von der klassischen Güterzug- bis zur stromlinienförmigen Schnellzuglokomotive. Doch das war noch nicht alles: Nicht selten gelang den Konstrukteuren der Entwurf einer Universallok, die vor Güter- und Reisezügen gleichermaßen ihre Leistungsfähigkeit unter Beweis stellte, wie die Baureihe 41 der Deutschen Reichsbahn eindrucksvoll zeigte.

Glückloser Riese – die Baureihe 06

Anfang der 1930er-Jahre benötigte die Deutsche Reichsbahn-Gesellschaft (DRG) für den schweren Schnellzugdienst im Hügelland dringend eine neue vierfachgekuppelte Maschine, deren Konstruktion 1934 ausgeschrieben wurde. Im Interesse einer rationellen Fertigung und Instandhaltung sollten einige Baugruppen der parallel entwickelten Baureihen 41 (siehe Seite 82 f.) und 45 verwendet werden. Nach den ersten Vorentwürfen beauftragte die Reichsbahn die Firma Krupp mit der Konstruktion und der Fertigung der beiden Baumuster. Obwohl Krupp eine 1´D2´-Maschine vorgeschlagen hatte, bestand die Reichsbahn auf der Achsfolge 2´D2‘, da es Zweifel an der Betriebssicherheit des von Krupp vorgeschlagenen vorderen Krauss-Helmholtz-Lenkgestells gab. Ein weiterer Streitpunkt war der Kessel. Obwohl einige Ingenieure bezweifelten, dass der vom Bauart-Dezernenten Richard Paul Wagner (1882–1953) geforderte so genannte Langrohrkessel die notwendige Verdampfungsleistung erbringen konnte und den Belastungen gewachsen sei, wurde der Kessel mit 7.500 mm langen Heiz- und Rauchrohren ausgerüstet.

Da sich der Fortgang der konstruktiven Arbeiten immer wieder verzögerte, konnte die Reichsbahn erst 1939 die beiden stromlinienverkleideten Prototypen der Baureihe 06 in Dienst stellen. Sie gingen als die größten deutschen Schnellzug-Dampfloks in die Eisenbahngeschichte ein.

Bauart		**2´D2´h3**
Betriebsgattung		S 48.20/18 [1)]
Länge über Puffer (Tender 2´3 T 38 St)	mm	26.520
Höchstgeschwindigkeit v/r	km/h	140/50
Zylinderdurchmesser	mm	520
Kolbenhub	mm	720
Treib- und Kuppelraddurchmesser	mm	2.000
Laufraddurchmesser v/h	mm	1.000/1.000
Kesselüberdruck	kp/cm^2	16 [2)]
Rostfläche	m^2	4,82
Verdampfungsheizfläche	m^2	288,54
Brennstoffvorrat	t	10
Wasserkasteninhalt	m^3	38
Leistung	PS	2.800

Anmerkungen:
1) Die Achsfahrmasse konnte wahlweise auf 20 t oder 18 t eingestellt werden.
2) ursprünglich 20 kp/cm^2; wurde später reduziert

Allerdings war den Riesen kein Glück beschieden: Weder vor dem Messwagen des Lokomotiv-Versuchsamtes (LVA) Grunewald noch vor Planzügen konnten die 06er überzeugen. Noch während des Zweiten Weltkrieges wurden die beiden bei den Personalen unbeliebten Maschinen abgestellt.

Die seitens der Deutschen Bundesbahn (DB) erwogene Neubekesselung unterblieb. 1951 wurden die beiden Loks ausgemustert und anschließend verschrottet.

Die Stromlinienloks der Baureihe 06 waren eine Fehlkonstruktion. Die beiden Loks wurden noch während des Zweiten Weltkrieges abgestellt und schließlich 1951 ausgemustert.

Neue Wege – die Dampfmotorlok 19 1001

Bauart		1'Do1'h8
Betriebsgattung		S 48.18 [1)]
Länge über Puffer (Tender 2'3 T 38 St)	mm	23.775
Höchstgeschwindigkeit v/r	km/h	175/50
Zylinderdurchmesser	mm	300
Kolbenhub	mm	300
Treib- und Kuppelraddurchmesser	mm	1.250
Laufraddurchmesser v/h	mm	1.000/1.250
Kesselüberdruck	kp/cm^2	20
Rostfläche	m^2	4,55
Verdampfungsheizfläche	m^2	239,67
Brennstoffvorrat	t	12,5
Wasserkasteninhalt	m^3	38
Leistung	PS	1.700

Anmerkung: 1) nach Umbau 1943: S 48.20

Einen radikalen Bruch mit der konventionellen Dampflok-Technik stellte die von der Firma Henschel & Sohn 1941 gelieferte Dampfmotorlok 19 1001 dar. Die Stromlinienmaschinen der Baureihe 05 (siehe Seite 34 f.) hatten die Grenzen der traditionellen Kolbendampflok aufgezeigt. Höhere Geschwindigkeiten erforderten nun eine völlig neue Antriebstechnik. Diese präsentierte die Firma Henschel in Form der Dampfmotoren an der 19 1001. Jeder der vier angetriebenen Radsätze besaß einen eigenen V-förmigen Dampfmotor. Die Motoren der ersten und dritten Achse saßen auf der linken, die der zweiten und vierten Achse auf der rechten Lokseite. Die Motoren waren außerhalb der Radebene angeordnet und waren Bestandteil eines abgefederten Maschinenteils. Gelenkkupplungen glichen die Relativbewegungen zwischen der Kurbelwelle des Motors und der Achswelle aus. Trotz der nur 1.250 mm großen Treibräder war die 19 1001 für eine Höchstgeschwindigkeit von 175 km/h ausgelegt. Der für einen Druck von 20 kp/cm^2 zugelassene Kessel entsprach im Wesentlichen dem der Baureihe 44 (siehe Seite 110 f.) und war mit einem Oberflächenvorwärmer der Bauart Knorr ausgerüstet.

Die ersten Versuchsfahrten mit der stromlinienverkleideten Dampfmotorlok verliefen ernüchternd. Ursache dafür waren zu fest sitzende Kolbenringen. Nach der Lösung dieses Problems sanken die Verbrauchswerte der 19 1001 erheblich. Außerdem überzeugte die Maschine durch ihre hervorragenden Laufeigenschaften. Allerdings mussten die Versuchsfahrten bedingt durch den Zweiten Weltkrieg 1943 abgebrochen werden. Die Maschine wurde nun dem Bahnbetriebswerk (Bw) Hamburg-Altona zugewiesen. Von hier aus brachte sie meist Schnellzüge nach Berlin und Osnabrück. Dabei bewährte sie sich sehr gut. Ein Bombentreffer im August 1944 beendete den Einsatz der 19 1001, die nach ihrer Instandsetzung bei Henschel & Sohn am 18. Oktober 1945 von der US-Armee beschlagnahmt und nach Fort Eustice (Virginia) abtransportiert wurde. Dort wurde sie 1952 auch verschrottet.

Als einzige Maschine der Deutschen Reichsbahn besaß die stromlinienverkleidete 19 1001 einen Dampfmotor-Antrieb. 1945 wurde die Lok von der US-Armee beschlagnahmt und nach Fort Eustice (Virginia) gebracht.

Der Sachsenstolz – die Baureihe 19^0
(ex sächsische XX HV)

Zu den imposantesten deutschen Dampfloks gehören die Maschinen der Baureihe 19^0. Ungefähr seit dem Jahr 1910 benötigten die Königlich Sächsischen Staatseisenbahnen (K.Sächs.Sts.E.) neue Schnellzugloks. Nach Probefahrten mit einer bayerischen S 3/6 (siehe Seite 44 f.) im Jahr 1915 gaben die K.Sächs.Sts.E. bei der Sächsischen Maschinenfabrik (SMF), vormals Richard Hartmann, die Entwicklung einer 2´C1´h3-Schnellzuglok (Gattung XVIII H; siehe Seite 38) in Auftrag. Noch während der Vorarbeiten für diese Type plädierte der Leiter der Konstruktionsabteilung der K.Sächs. Sts.E. für den Bau einer schweren 1´D1´h4v-Schnellzuglok für den Einsatz auf der steigungs- und krümmungsreichen Hauptbahn Dresden–Chemnitz–Reichenbach (Vogtl)–Hof. Bereits 1917 erhielt die SMF den Auftrag zum Bau von fünf Baumustern der neuen Gattung XX HV. Am 8. März 1918 übergab die SMF die erste XX HV an die K.Sächs.Sts.E.

In der Fachwelt sorgten die imposanten 1´D1´h4v-Maschinen für Aufsehen. Bei ihrer Indienststellung waren sie die größten Schnellzugloks in Europa. Entsprechend hoch waren natürlich die Erwartungen an die XX HV. Das geforderte Leistungsprogramm erfüllte der »Sachsenstolz« mühelos. Über eine Steigung von 10 Promille konnten die Loks einen 495 t schweren Zug mit 50 km/h befördern. Damit war die XX HV für die Strecke Dresden–Hof das ideale Zugpferd. Die K.Sächs.Sts.E. beschafften bis 1923 insgesamt 23 Loks, die ab 1925 von der Deutschen Reichsbahn-Gesellschaft (DRG) als Baureihe 19^0 geführt wurden.

Die Schwächen der XX HV zeigten sich wenig später bei Probefahrten in den Bahnbetriebswerken (Bw) Stuttgart-Rosenstein und Frankfurt (Main), wo die Baureihe 19^0 gemeinsam mit der Baureihe 39^0 (siehe Seite 81) eingesetzt wurde. Auf den Steigungsstrecken war die Baureihe 39^0 aufgrund ihrer höheren Reibungsmasse besser, im Flachland verbrauchte sie weniger Wasser und Kohle als die Baureihe 19^0. Die schlechte Abstimmung zwischen dem Kessel und dem Triebwerk blieb der grundlegende Mangel der XX HV. Auf der Strecke Dresden–Hof, wo sich Berg- und Talfahrten abwechselten, fiel das kaum ins Gewicht. Zwischen Dresden und Berlin hatten die Personale hingegen Mühe, den Dampfdruck zu halten. Dennoch konnte die DRG viele Jahre nicht auf die XX HV verzichten.

Nach dem Zweiten Weltkrieg verblieben alle Maschinen bei der Deutschen Reichsbahn (DR) in der sowjetischen Besatzungszone. Bis 1951 musterte die DR neun Loks aus, die

Bei ihrer Indienststellung im Frühjahr 1918 war die sächsische XX HV (DRG-Baureihe 19^0) die größte Schnellzug-Dampflok Europas. Die Maschinen wurden meist auf der Strecke Dresden–Hof eingesetzt.

Die DR setzte nach dem Zweiten Weltkrieg nur noch neun Loks der Baureihe 19^0 instand. 19 009 stand Ende der 1950er-Jahre im Bw Reichenbach.

		Länderbahnlok	Rekolok
Bauart		1´D1´h4v	1´D1´h4v
Betriebsgattung		S 46.17	S 46.18
Länge über Puffer (Tender sä 2´2 T 31)	mm	22.632	24.210 [1]
Höchstgeschwindigkeit v/r	km/h	120/50	120/50
Zylinderdurchmesser HD/ND	mm	480/720	480/720
Kolbenhub	mm	630	630
Treib- und Kuppelraddurchmesser	mm	1.905	1.905
Laufraddurchmesser v/h	mm	1.065/1.250	1.000/1.250
Kesselüberdruck	kp/cm^2	15	16
Rostfläche	m^2	4,5	4,23
Verdampfungsheizfläche	m^2	227,05	206,30
Brennstoffvorrat	t	7	10
Wasserkasteninhalt	m^3	31	38
Leistung	PS	1.800	ca. 2.000

Anmerkung: 1) mit Tender 2´3 T 38

anderen wurden wieder instandgesetzt. Ab 1959 trennte sich die DR jedoch von den wartungsintensiven Maschinen. Drei von ihnen übernahm die Versuchs- und Entwicklungsstelle der Maschinenwirtschaft (VES-M) in Halle (Saale) als Bremsloks. Da die VES-M mittelfristig nicht auf die Baureihe 19^0 verzichten konnte, wurden zwei von ihnen in das Reko-Programm der DR aufgenommen. Die Maschinen erhielten einen neuen Verbrennungskammer-Kessel, neue Führerhäuser, neue Zylinder, kleine Windleitbleche, eine geänderte Steuerung und Einheitstender. Kegelige Rauchkammertüren und eine Domverkleidung gaben den Rekoloks 19 015 (1964) und 19 022 (1965) ein modernes Aussehen. 1967 erhielten beide Loks außerdem eine Ölhauptfeuerung. Erst 1976 wurden die beiden Reko-19er ausgemustert und verschrottet. Als Schaustück des Verkehrsmuseums Dresden blieb die 1971 ausgemusterte 19 017 erhalten.

Die beiden als Bremsloks genutzten 19 015 und 19 022 wurden 1964/65 im Raw Meiningen rekonstruiert. Ab 1970 wurden die Loks als Baureihe 04 bezeichnet.

Aus alt mach neu – die Baureihe 22

Bauart		1'D1'h3
Betriebsgattung		P 46.18
Länge über Puffer (Tender 2'2'T 34)	mm	23.700
Höchstgeschwindigkeit v/r	km/h	110/50
Zylinderdurchmesser	mm	520
Kolbenhub	mm	660
Treib- und Kuppelraddurchmesser	mm	1.750
Laufraddurchmesser v/h	mm	1.000/1.100
Kesselüberdruck	kp/cm²	16
Rostfläche	m²	4,23
Verdampfungsheizfläche	m²	206,3
Brennstoffvorrat	t	10
Wasserkasteninhalt	m³	34
Leistung	PS	1.690

Die Deutsche Reichsbahn (DR) in der DDR bestritt den schweren Reisezugdienst im sächsischen und thüringischen Hügelland in den 1950er-Jahren meist mit der Baureihe 39⁰ (siehe Seite 81). Allerdings wies die ehemalige P 10 gravierende Mängel auf. Die Leistung des Kessel und des Triebwerks waren schlecht aufeinander abgestimmt. Außerdem waren die Maschinen bei den Personalen als »Kohlenfresser« verrufen. Zudem verschlechterte sich ab etwa 1955 der Zustand der Loks erheblich. Da die DR aber auf absehbarer Zeit nicht auf die Baureihe 39⁰ verzichten konnte, wurden die Maschinen im Rahmen des Reko-Programms modernisiert.

Dies übernahm ab 1958 das Reichsbahnausbesserungswerk (Raw) Meiningen. Dort erhielten die Maschinen u.a. einen modernen Verbrennungskammer-Kessel, einen Mischvorwärmer, neue geschweißte Zylinder, Einheitsführerhäuser und neue Kropfachswellen. Die kleinen Windleitbleche und die steile Frontschürze mit den festangebauten Spitzenlichtern gaben den als Baureihe 22 bezeichneten Maschinen ein modernes Aussehen.

Bei den Versuchsfahrten mit der 22 001 erwies sich der Umbau als ein voller Erfolg. Trotz einer Mehrleistung von bis zu 365 PS verbrauchte die Rekolok im Vergleich zur Baureihe 39⁰ bis zu 18 % weniger Dampf.

Bis 1962 verließen insgesamt 85 Maschinen der Baureihe 22 das Raw Meiningen. Die 22er waren zunächst in Sachsen und Thüringen konzentriert. Doch mit der Elektrifizierung der Strecken Dresden–Reichenbach und Werdau–Leipzig verloren die 22er ihr wichtigstes Einsatzgebiet. Bereits 1966 stellte die DR die ersten Maschinen ab. Vier Jahre später war der Bestand der Baureihe 22 auf ein Minimum geschrumpft. Die letzte 22er wurde schließlich 1971 aus dem Verkehr gezogen.

Von 1958 bis 1962 baute das Raw Meiningen insgesamt 85 ehemalige preußische P 10 zur Baureihe 22 um. 22 049 pausierte im Sommer 1968 im Bw Leizig Hbf West.

Krönender Abschluss – die Baureihe 39^0
(ex preußische P 10)

Bauart		1'D1'h31'D1'h3
Betriebsgattung		P 46.19
Länge über Puffer (Tender pr 2'2'T 31,5)	mm	22.980
Höchstgeschwindigkeit v/r	km/h	110/50
Zylinderdurchmesser	mm	520
Kolbenhub	mm	660
Treib- und Kuppelraddurchmesser	mm	1.750
Laufraddurchmesser v/h	mm	1.000/1.100
Kesselüberdruck	kp/cm^2	14
Rostfläche	m^2	4,08
Verdampfungsheizfläche	m^2	217,01
Brennstoffvorrat	t	7
Wasserkasteninhalt	m^3	31,5
Leistung	PS	1.620

Bereits um 1910 zeichnete sich bei der Preußischen Staatsbahn ab, dass die P 8 (siehe Seite 46 f.) im schweren Reisezugdienst im Mittelgebirge mittelfristig ersetzt werden musste. Allerdings verhinderte der Erste Weltkrieg die Entwicklung einer neuen Personenzuglok. Erst 1918 konnte dieses Vorhaben wieder aufgegriffen werden. Die Entwicklung der gewünschten Type übernahm die Firma Borsig, die im Herbst 1919 den Entwurf für eine 1'D1'h3-Maschine vorlegte. Die als P 10 bezeichnete Gattung war einerseits der krönende Abschluss der preußischen Dampflok-Entwicklung, andererseits der Bruch mit bisherigen Grundsätzen im preußischen Lokbau. Der Barrenrahmen, der Belpaire-Stehkessel und die hintere Laufachse waren für preußische Personenzugloks neu. Allerdings vergingen noch zwei Jahre, bevor Borsig die ersten zehn Baumuster der P 10 ausliefern konnte.

Bei den anschließenden Messfahrten und den Vergleichseinsätzen mit der sächsischen XX HV (siehe Seite 78 f.) erwies sich die P 10, die ab 1925 als Baureihe 39^0 bezeichnet wurde, als zugstark. Im Vergleich zur sächsischen Konkurrenz war die P 10 auch in der Wartung deutlich kostengünstiger. Daher beschaffte die Deutsche Reichsbahn-Gesellschaft (DRG) bis 1927 insgesamt 260 Exemplare der Baureihe 39^0. Fortan bestritt die P 10 über Jahre hinweg den Eil- und Schnellzugdienst im Mittelgebirge.

Nach dem Zweiten Weltkrieg verblieben 154 Maschinen bei der späteren Deutschen Bundesbahn (DB). Erst der Traktionswechsel machte die P 10 in den 1960er-Jahren entbehrlich. Im Bw Jünkerath wurde 1967 die letzte 39er abgestellt. Die Deutsche Reichsbahn (DR) in der DDR übernahm 85 Maschinen der Baureihe 39^0. Dazu kamen 1955 noch neun weitere Loks aus Polen. Von 1958 bis 1962 wurden 85 zur Baureihe 22 umgebaut (siehe Seite 80). Die anderen wurden verschrottet. Zwei Maschinen – 39 184 und 39 230 – blieben als Ausstellungsstücke erhalten.

Die Maschinen der Baureihe 39^0 (ex preußische P 10) wickelten über Jahrzehnte den schweren Eil- und Schnellzugdienst im Mittelgebirge ab.

Die »Ochsenlok« – die Baureihe 41

Anfang der 1930er-Jahre zeichnete sich bei der Deutschen Reichsbahn-Gesellschaft (DRG) der Bedarf nach einer neuen schnellfahrenden Dampflok für den Güterverkehr ab. Die Hauptverwaltung (HV) beauftragte daher 1934 das Reichsbahn-Zentralamt (RZA) mit der Entwicklung einer 90 km/h schnellen Dampflok mit einer Achsfahrmasse von 18 t. Bereits im Mai 1934 lagen die ersten Entwürfe für die als Baureihe 41 geplante Type vor. Doch kaum einer der von den deutschen Lokfabriken eingereichten Vorschläge für eine 1´D-Maschine überzeugte die Reichsbahn-Ingenieure. Einzige Ausnahme war das vom Leiter des Entwurfsbüros der Berliner Maschinenbau AG (BMAG), Friedrich Wilhelm Eckhardt (1892–1961) vorgelegte Projekt für eine 1´D1´h2-Maschine. Die BMAG erhielt aufgrund ihrer Vorarbeiten den Zuschlag für die Entwicklung der Baureihe 41. Anfang 1937 übergab die BMAG schließlich die beiden Prototypen an die DRG. Während 41 001 im Bahnbetriebswerk (Bw) Schneidemühl Pbf im Betriebsdienst eingesetzt wurde, untersuchte die Lokomotiv-Versuchsabteilung (LVA) Grunewald die 41 002 vor dem Messwagen. Von Schneidemühl aus brachte 41 001 meist Viehzüge nach Berlin, was ihr den Spitznamen »Ochsenlok« einbrachte. Die Baureihe 41 überzeugte durch ihre Leistung, ihre Zugkraft und ihr Beschleunigungsvermögen. Auch die Laufruhe der eleganten Maschinen war sehr gut.

Nach nur wenigen konstruktiven Änderungen begann 1939 die Serienfertigung der Baureihe 41. Allerdings musste diese bedingt durch den Zweiten Weltkrieg abgebrochen werden, sodass bis Juni 1941 nur 366 Exemplare in Dienst gestellt wurden. Zunächst wurden die 41er meist vor Eil- und Durchgangsgüterzügen eingesetzt. Es zeigte sich aber schnell, dass die »Ochsenlok« eigentlich eine Universallok war, die fortan auch im schweren Reisezugdienst Verwendung fand. Allerdings besaßen die 41er ein Handicap: Ihr Kessel war aus dem spröden und nicht alterungsbeständigen Stahl St 47 K gefertigt. Bereits 1941 musste die Reichsbahn aufgrund schwerer Kesselschäden den Betriebsdruck auf 16 kp/cm^2 verringern und Ersatzkessel für die Baureihe 41 beschaffen. Erst die Deutsche Bundesbahn (DB) und die Deutsche Reichsbahn (DR) in der DDR konnten die Probleme lösen.

Die Deutsche Bundesbahn rüstete 102 Maschinen der Baureihe 41 mit neuen Verbrennungskammer-Kesseln aus. Die Umbaulok 41 353 stand am 27. März 1968 mit einem Güterzug in Krefeld Gbf.

		Einheitslok	Umbaulok DB	Rekolok DR
Bauart		1'D1'h2	1'D1'h2	1'D1'h2
Betriebsgattung		G 46.20/18 [1)]	G 46.18	G 46.18
Länge über Puffer (Tender 2'2 T 30)	mm	23.200	23.905 [3)]	23.905 [3)]
Höchstgeschwindigkeit v/r	km/h	90/50	90/50	90/50
Zylinderdurchmesser	mm	520	520	520
Kolbenhub	mm	720	720	720
Treib- und Kuppelraddurchmesser	mm	1.600	1.600	1.600
Laufraddurchmesser v/h	mm	1.000/1.250	1.000/1.250	1.000/1.250
Kesselüberdruck	kp/cm²	20 [2)]	16	16
Rostfläche	m²	3,89	3,87	4,23
Verdampfungsheizfläche	m²	203,15	177,54	206,30
Brennstoffvorrat	t	10	10 [4)]	10
Wasserkasteninhalt	m³	30	34	34
Leistung	PS	1.900	1.870 [5)]	1.870

Anmerkungen:
1) Die Achsfahrmasse konnte wahlweise auf 20 t oder 18 t eingestellt werden.
2) ursprünglich 20 kp/cm²; wurde am 21.08.1941 reduziert
3) mit Tender 2'2'T 34
4) bei Ölloks: 12 m³ Heizöl
5) bei Ölloks: 1.940 PS

Zum Betriebspark der DB gehörten ab 1950 noch 217 Maschinen der Baureihe 41, für die das Bundesbahn-Zentralamt (DB) einen modernen Verbrennungskammer-Kessel entwickelte. Ab Frühjahr 1957 rüstete die DB insgesamt 102 Loks mit einem neuen Dampferzeuger aus. Außerdem erhielten 40 Maschinen eine Ölhauptferung. Dadurch konnte der Heizer von seiner schweren Arbeit entlastet und die Leistung der 41er gesteigert werden. Erst in der zweiten Hälfte der 1960er-Jahre konnte die DB schrittweise auf die Baureihe 41 verzichten. Bei der Einführung der EDV-gerechten Betriebsnummern 1968 waren noch 40 Ölloks (Baureihe 042), 35 kohlegefeuerte Umbauloks und 20 Altbau-41er vorhanden. Als letzte wurden die Öl-41er 1977 ausgemustert. Der DR standen ab 1953 nur noch 112 »Ochsenloks« zur Verfügung. Auch die DR musste die schadanfälligen Kessel aus St 47 K ersetzen. Als Übergangslösung beschaffte die DR nach den alten Zeichnungen einen geschweißten »Nachbau-Ersatzkessel«, mit dem ab 1957 insgesamt 25 Maschinen ausgerüstet wurden. Zwei Jahre später begann die Rekonstruktion der Baureihe 41. Dabei wurden bis 1960 insgesamt 80 Maschinen mit einem Verbrennungskammer-Kessel ausgerüstet. Die universell einsetzbaren 41er gehörten zu den letzten Dampfloks in der DDR. Erst im Herbst 1987 wurde die Letzte von ihnen abgestellt. Mehrere Öl-41er der DB und DR-Rekoloks sind als Museumsstücke erhalten geblieben.

Die Baureihe 41 gehört zweifelsohne zu den schönsten deutsche Dampfloks. 41 153 war von 1939 bis 1944 im Bw Stargard stationiert.

Insgesamt 80 DR-41er erhielten einen Reko-Kessel. Typisch für die DR-Maschinen war der Mischkasten vor dem Schornstein.

Der Westbahn-Renner – die Reihe 113
(ÖBB-Reihe 33)

Bauart		2´Dh2
Länge über Puffer (Tender Reihe 85)	mm	20.698
Höchstgeschwindigkeit v/r	km/h	90 [1]/50
Zylinderdurchmesser	mm	560
Kolbenhub	mm	720
Treib- und Kuppelraddurchmesser	mm	1.740
Laufraddurchmesser v	mm	1.034
Kesselüberdruck	kp/cm^2	15
Rostfläche	m^2	4,47
Verdampfungsheizfläche	m^2	204,0
Brennstoffvorrat	t	7,5
Wasserkasteninhalt	m^3	27
Leistung	PS	1.610

Anmerkung: 1) später auf 85 km/h verringert

Nach dem Zerfall der Donau-Monarchie als Folge des Ersten Weltkriegs änderten sich die Verkehrsströme in Österreich grundlegend. Die Westbahn wurde nun zur wichtigsten Magistrale in der Alpenrepublik. Anfang der 1920er-Jahre standen den Österreichischen Bundesbahnen (BBÖ) für den schweren Schnellzugdienst auf der Westbahn aber nur Zwei- und Dreikuppler zur Verfügung, die den betrieblichen Erfordernissen nicht mehr entsprachen. Nur mit einem Vierkuppler konnten die Probleme in der Zugförderung langfristig gelöst werden. Der Leiter der Konstruktionsabteilung der BBÖ, Johann Rihosek (1869-1956), entschied sich für die Entwicklung einer schweren 2´D-Maschine. Rihosek griff dabei auf die Erfahrungen mit der Reihe 570 (siehe Seite 90 f.) zurück. Die lauftechnisch günstigere Achsfolge 1´D1´ konnte aufgrund der vorhandenen kleinen Drehscheiben nicht verwendet werden. Um den Dampferzeuger großzügig auslegen zu können, wurde die Kesselmitte auf 3.250 mm über Schienenoberkante angehoben. Dies ermöglichte den Einbau eines fast 4,5 m^2 großen Rostes. Wichtigste Neuerungen bei der 2´Dh2-Maschine waren die Verwendungen der Lentz-Ventilsteuerung und der Vorwärmerpumpe der Bauart Dabeg. Bereits 1923 stellten die BBÖ die ersten Exemplare der Reihe 113 in Dienst; bis 1928 stieg der Bestand auf 40 Maschinen an. Die Lokomotiven erfüllten die in sie gesetzten Erwartungen: Bei Versuchsfahrten auf dem Semmering im Jahr 1924 ermittelten die Ingenieure eine Leistung von 1.610 PS. In der Folgezeit wickelten die BBÖ mit der Reihe 113 den größten Teil des Fernverkehrs auf der Süd- und der Westbahn ab. Auch auf der Tauernbahn und im Gesäuse waren die 113er anzutreffen, die ab 1938 die Reichsbahn-Nummern 33 101 bis 33 140 trugen.

Nach dem Zweiten Weltkrieg verblieben den Österreichischen Bundesbahnen (ÖBB) 33 Maschinen, die ab 1953 als Baureihe 33 geführt wurden. Ab 1951 wurden die 33er mit Giesl-Flachejektoren und Heinl-Mischvorwärmern ausgerüstet, wodurch die Leistung auf bis zu 2.400 PS gesteigert werden konnte. Mit dem fortschreitenden Traktionswechsel in den 1960er-Jahren verlor die Baureihe 33 immer mehr an Bedeutung. 1968 schieden die letzten Exemplare aus dem Betriebsdienst aus. Die 33.102 und die 33.132 blieben aus Museumsmaschinen erhalten.

Die 2´Dh2-Maschinen der Reihe 113 waren für den schweren Eil- und Schnellzugdienst auf der Westbahn bestimmt. Die DRB zeichnete die Loks 1938 zur Baureihe 33^1 um.

Der glücklose Einzelgänger – die Reihe 114

Bauart		1'D 2'h3
Länge über Puffer (Tender Reihe 85)	mm	22.613
Höchstgeschwindigkeit v/r	km/h	100/50
Zylinderdurchmesser	mm	530
Kolbenhub	mm	720
Treib- und Kuppelraddurchmesser	mm	1.940
Laufraddurchmesser v/h	mm	1.034/1.034
Kesselüberdruck	kp/cm²	15
Rostfläche	m²	4,72
Verdampfungsheizfläche	m²	262,0
Brennstoffvorrat	t	8,0
Wasserkasteninhalt	m³	29,5
Leistung	PS	2.600

In der zweiten Hälfte der 1920er-Jahre benötigten die Österreichischen Bundesbahnen (BBÖ) eine neue leistungsfähige Schnellzug-Dampflok für den schweren Reisezugdienst. Diese sollte in der Lage sein, in der Ebene einen 630 t schweren Zug mit 110 km/h zu befördern. Diese Aufgabe konnte nur von einer vierfachgekuppelten Maschine erfüllt werden. Die BBÖ entscheiden sich schließlich für die Achsfolge 1´D2´. Völlig offen war hingegen die Frage des Triebwerks. Hier gingen die Meinungen auseinander. Während die Wiener Lokomotivfabrik AG für ein einfaches Zweizylinder-Triebwerk plädierte, schlug die Aktiengesellschaft der Lokomotivfabrik Wiener Neustadt (vormals Sigl) ein Dreizylinder-Triebwerk vor. Die ÖBB gaben schließlich jeweils eine Zwei- und eine Dreizylinderlok in Auftrag. Der Kessel und das Laufwerk beider Typen waren ansonsten identisch.

Im April 1929 übergab die Lokomotivfabrik Wiener Neustadt die 114.01 an die BBÖ, die die Maschine gemeinsam mit der 214.01 (siehe Seite 86 f.) gründlich messtechnisch untersuchte. Dabei zeigte sich, dass die 114.01 im Vergleich zur 214.01 bei der gleichen Leistung bis zu 10 % mehr Dampf und bis zu 9 % mehr Kohle verbrauchte. Außerdem war der Kesselwirkungsgrad des Drillings deutlich schlechter und die Instandhaltung des mittleren Triebwerks schlug mit höheren Kosten zu Buche. Aus diesen Gründen entschieden sich die BBÖ für die weitere Beschaffung der Reihe 214. Die 114.01 blieb ein Einzelgänger, der bei den Personalen des Heizhauses Wien West nicht sonderlich hoch im Kurs stand. Jeweils 1936 und 1938 stürzte die Maschine nach einem Unfall um, was eine Diskussion um die schlechte Massenverteilung auslöste. Die Deutsche Reichsbahn (DRB) gab dem Einzelgänger 1938 die Betriebsnummer 12 101. Im Sommer 1949 wurde die Lok nach dem Bruch des Mittelzylinders ausgemustert und 1953 verschrottet.

Die mächtige, 1929 gebaute Schnellzuglok 114.01 (DRB 12 101) blieb ein Einzelstück. Nach einem schweren Zylinderschaden wurde sie im Sommer 1949 abgestellt und 1953 ausgemustert.

Der Alpen-Riese – die Reihe 214
(ÖBB-Reihe 12)

Die Maschinen der Reihe 214 (DRB-Baureihe 12⁰) waren imposante Maschinen. Die Treibstangen der Reihe 214 waren die längsten in Europa.

Die Österreichischen Bundesbahnen (BBÖ) suchten in der zweiten Hälfte der 1920er-Jahre nach einer leistungsstarken Dampflok für den schweren Schnellzugdienst. Die Anforderungen an die neue Type waren hoch. Auf den steigungsreichen Strecken in Österreich sollte die Maschine einen 550 t schweren Zug mit 60 km/h anstandslos befördern. Die Lokomotiv-Industrie in Österreich schlug den BBÖ den Bau einer 1´C2´-Maschine vor. Die als Reihe 410 geplante Type war jedoch nach Meinung des Leiters des Konstruktionsbüros der BBÖ, Alexander Lehner, zu schwach. Die Berechnungen des junge Konstrukteur der Wiener Lokomotivfabrik Floridsdorf, Dr. Adolph Giesl-Gieslingen (1903–1992) – der Erfinder des gleichnamigen Flachejektors – bestätigen dies. Dr. Giesl-Gieslingen kam zu dem Ergebnis, dass das geforderte Leistungsprogramm mit einer 1´D2´-Maschine erfüllt werden könne. Strittig war jedoch die Frage des Triebwerks. Hier standen der einfache, von der Wiener Lokomotivfabrik Floridsdorf vorgeschlagene Zwilling und der seitens der Lokomotivfabrik Wiener Neustadt favorisierte Drilling zu Diskussion. Da beide Triebwerke ihre Vor- und Nachteile hatten, gaben die BBÖ schließlich jeweils ein Baumuster in Auftrag. Die Federführung bei der Konstruktion der Reihen 114 (1´D2´h3; siehe Seite 85) und 214 (1´D2´h2) oblag den BBÖ. Als Ende 1928 die 214.01 als Erste die Werkhallen in Floridsdorf verließ, sorgte sie für Aufsehen in der Fachwelt, war sie doch eine der größten Dampfloks Europas. Keine andere Maschine besaß einen Kessel mit einer größeren Verdampfungsheizfläche. Die Reihe 214 markierte den Höhepunkt im österreichischen Lokomotivbau.

Im Sommer 1929 unterzogen die BBÖ die 214.01 und die 114.01 einer ausführlichen messtechnischen Untersuchung. Dabei wurden die Erwartungen der BBÖ mehr als erfüllt. Die 214.01 war problemlos in der Lage, den aus 19 Wagen gebildeten Versuchszug zu befördern. Die 11-Promille-Steigung bei Rekawinkel bezwang die 214.01 mit 46 km/h, was einer Leistung von rund 2.300 PS entsprach. Im späteren Plandienst erwies sich die Reihe 214 als schier unverwüstlich. Erfahrene Personale vermochten der Maschine eine Leistung von bis zu 2.700 PS zu entlocken. Die Reihe 214 gilt daher zu Recht als eine der stärksten Dampflokomotiven Europas. Da die 214.01 im Vergleich zum Drilling 114.01 weniger Dampf und Kohle verbrauchte, beschlossen die ÖBB den Serienbau der 1´D2´h2-Type, von der 1931 und 1934 insgesamt zwölf weitere Exemplare beschafft wurden. Die 13 Alpen-Riesen waren zunächst

Der Tender der Reihe 214 fasste 8 t Kohle (ab 214.08: 7 t) und 29,5 m³ Wasser (ab 214.08: 28,5 m³).

Bauart		1'D2'h2
Länge über Puffer (Tender Reihe 84)	mm	22.580 [1)]
Höchstgeschwindigkeit v/r	km/h	100 [2)]
Zylinderdurchmesser	mm	650
Kolbenhub	mm	720
Treib- und Kuppelraddurchmesser	mm	1.940
Laufraddurchmesser v/h	mm	1.034/1.034
Kesselüberdruck	kp/cm²	15
Rostfläche	m²	4,75
Verdampfungsheizfläche	m²	262,00 [3)]
Brennstoffvorrat	t	8,0 [4)]
Wasserkasteninhalt	m³	29,5 [5)]
Leistung	PS	2.300

Anmerkungen:
1) ab 214.08: 22.640 mm (Tender Reihe 85)
2) ab 214.08: 120 km/h
3) ab 214.02: 258,00 m²
4) ab 214.08: 7,0 t
5) ab 214.08: 28,5 m³

in Wien West stationiert, von wo aus sie schwere Schnellzüge nach Salzburg und Passau bespannten. Die Deutsche Reichsbahn (DRB) reihte die Maschinen 1938 als Baureihe 12^0 in ihren Bestand ein.

Die Glanzzeit der Reihe 214, die ab 1953 von den Österreichischen Bundesbahnen (ÖBB) als Baureihe 12 geführt wurde, währte nur wenige Jahre. Bereits am 3. Januar 1953 verließ 12 013 letztmalig an der Spitze eines Schnellzuges den Wiener Westbahnhof. Anschließend wurden die Alpen-Riesen auf der Südbahn eingesetzt, wo sie in erster Linie die Reihe 113 (siehe Seite 84) ersetzten. Doch die Personale klagten nun über den schlechten Bogenlauf und den hohen Kohleverbrauch der großen Maschinen. Am 23. September 1953 beendete schließlich die 12.10 den Plandienst der imposanten Loks, die anschließend bis zu ihrer Ausmusterung 1961/62 als Reserve abgestellt waren. 12.10 blieb als Museumsstück erhalten.

214.05 erhielt 1947 eine Ölhauptfeuerung und wurde im Herbst 1961 ausgemustert.

Die Arlberg-Lok – die Reihe 170
(ÖBB-Reihe 56)

Bauart		1´Dn2v
Länge über Puffer (Tender Reihe 156)	mm	17.430
Höchstgeschwindigkeit v/r	km/h	60/50
Zylinderdurchmesser HD/ND	mm	540/800
Kolbenhub	mm	632
Treib- und Kuppelraddurchmesser	mm	1.298
Laufraddurchmesser vs	mm	870
Kesselüberdruck	kp/cm^2	13
Rostfläche	m^2	3,3 [1)]
Verdampfungsheizfläche	m^2	226,7
Brennstoffvorrat	t	16,0
Wasserkasteninhalt	m^3	6,8
Leistung	PS	1.250

Anmerkungen: 1) später auf 3,87 m^2 vergrößert

Binnen weniger Monaten nahm das Verkehrsaufkommen auf der im September 1884 eröffneten Arlbergbahn deutlich zu. Die hier eingesetzten Dreikuppler hatten nach nur wenigen Jahren ihre Leistungsgrenze erreicht. Vor allem für den Reisezugdienst wurde nun eine neue Type benötigt. Deren Entwicklung übernahm der Leiter des Konstruktionsbüros der kaiserlich-königlichen österreichischen Staatsbahnen (kkStB), Karl Gölsdorf (1861–1916). Er entwarf eine 1´D-Maschine mit Zweizylinder-Verbundtriebwerk. Besondere Beachtung schenkte Gölsdorf dabei dem Kessel und dem Laufwerk der als Reihe 170 bezeichneten Maschine. Mit einer Verdampfungsheizfläche von über 220 m^2 besaß die Reihe 170 bei ihrer Indienststellung den größten Kessel Europas. Das Laufwerk der 1´D-Maschine war auch ein Novum: Die zweite und die vierte Kuppelachse waren erstmals beweglich gelagert, was den Bogenlauf verbesserte und den Verschleiß verringerte. 1897 beschafften die kkStB schließlich für den Reisezugdienst auf der Arlbergbahn die ersten fünf Maschinen. Bis 1905 wurde der Bestand auf 15 Exemplare aufgestockt.

Acht Jahre später erlebte die Reihe 170 dann ihren großen Durchbruch – als die kkStB neue Maschinen für den Güterzugdienst benötigten, erinnerte man sich an die Arlberg-Lok, von der jetzt große Stückzahlen produziert wurde. Bis 1918 stellten die kkStB insgesamt 726 Maschinen in Dienst. Die Reihe 170 war damit die meistgebaute Dampflok Österreichs. Den Österreichischen Bundesbahnen (BBÖ) verblieben davon jedoch nur 228 Exemplare, von denen 209 noch 1938 von der Deutschen Reichsbahn (DRB) als Baureihe 56^{31-33} übernommen wurden. Während des Zweiten Weltkriegs waren die leichten Maschinen sehr gefragt. Sie taten nun auch Dienst in Mitteldeutschland, Jugoslawien und Griechenland. Nach Kriegsende waren in Österreich nur noch neun Maschinen vorhanden, von denen die letzte 1957 aus dem Bestand gestrichen wurde.

Bei der Graz-Köflacher fanden einige 170er ein neues Betätigungsfeld. Dadurch blieb die ehemalige 170.133 als betriebsfähige Museumslok erhalten.

Die Maschinen der Reihe 170 (DRB-Baureihe 56^{31-33}) wurden ursprünglich für den Schnellzugdienst auf der Arlbergbahn beschafft. Die Reihe 170 besaß als erste Gattung seitenverschiebbare Kuppelachsen des Systems Gölsdorf.

Österreichs Nebenbahn-Königin – die Reihe 378
(ÖBB-Reihe 93)

Bauart		1'D1' h2t
Länge über Puffer	mm	11.960
Höchstgeschwindigkeit v/r	km/h	60/60
Zylinderdurchmesser	mm	450
Kolbenhub	mm	570
Treib- und Kuppelraddurchmesser	mm	1.140
Laufraddurchmesser v/h	mm	870/870
Kesselüberdruck	kp/cm²	14
Rostfläche	m²	2,0
Verdampfungsheizfläche	m²	109
Brennstoffvorrat	t	10
Wasserkasteninhalt	m³	3
Leistung	PS	700

Die Österreichischen Bundesbahnen (BBÖ) benötigten Anfang der 1920er-Jahre für den Einsatz auf ihren Nebenbahnen eine schnelle und leistungsfähige Tenderlokomotive. Aufgrund des schwachen Oberbaus durfte die Achsfahrmasse 11 t nicht überschreiten. Die Entwicklung der als Reihe 378 vorgesehenen Type übernahm 1925 die Wiener Lokomotivfabrik Floridsdorf. Die Federführung oblag jedoch dem von Alexander Lehner geführten Konstruktionsbüro der BBÖ. Wie bei allen Neubau-Dampfloks der BBÖ üblich erhielt auch die Reihe 378 Lentz-Ventilsteuerung mit Zwischenhebeln. Die beiden Laufachsen waren als Adamsachsen konstruiert. Die zunächst verwendeten Vollscheibenräder der Kuppelachsen wurden erst beim letzten Baulos der Reihe 378 durch herkömmliche Speichenräder ersetzt.

Ohne vorherige Erprobung der Neuentwicklung begann 1927 bereits die Serienlieferung der Reihe 378, von der die BBÖ bis 1931 insgesamt 167 Maschinen in Dienst stellten. Bevorzugtes Einsatzgebiet der Maschinen waren die Nebenbahnen in Nieder- und Oberösterreich, in Kärnten sowie in der Steiermark. Außerdem bespannten die Loks auch Personen- und Güterzüge auf kürzeren Hauptbahnen. Die Reihe 378 erfüllte alle Anforderungen. Sie erwies sich als robust und leistungsstark. Ab 1938 trugen die Tenderloks die Reichsbahn-Nummern 93 1301 bis 93 1467.

Nach dem Zweiten Weltkrieg verblieben in Österreich 128 Exemplare der Reihe 378, die ab 1953 als Baureihe 93 von den Österreichischen Bundesbahnen (ÖBB) geführt wurde. 72 Maschinen ließen die ÖBB ab 1955 mit einem Giesl-Flachejektor ausrüsten, wodurch die Leistung um rund 30 % gesteigert werden konnte. Erst in den 1970er-Jahren hatten die 93er ausgedient. Sie gehörten zu den letzten Dampfloks, die mit dem offiziellen Ende der Dampftraktion am 31. Dezember 1976 abgestellt wurden. Bis 1982 hielten die ÖBB noch einige Loks als Reserve vor. Mehrere Exemplare der Reihe 378 werden in Österreich und Deutschland als Museumsfahrzeuge betreut.

Für den Nebenbahndienst beschafften die BBÖ zwischen 1927 und 1931 insgesamt 167 Exemplare der Reihe 378, die bis 1976 im Einsatz waren.

Der Südbahn-Gigant – die Reihe 570
(ÖBB-Reihe 133)

Die österreichische Südbahn-Gesellschaft entwickelte für den schweren Schnellzugdienst die imposante Reihe 570, von der jedoch nur zwei Exemplare in Dienst gestellt werden konnten.

Die Südbahn-Gesellschaft (SB) verzeichnete Anfang des 20. Jahrhunderts einen deutlichen Anstieg des Reiseverkehrs auf ihren Strecken. Die ab 1910 in Dienst gestellten 2´C-Maschinen der späteren Reihe 209 (siehe Seite 51) genügten nach nur wenigen Monaten nicht mehr den betrieblichen Belangen. Der zuständige Maschinendirektor Eustach Prossy entschied sich daher für die Entwicklung einer 2´D h2-Gebirgsschnellzuglok. Um die notwendige Rostfläche unterbringen zu können, musste Prossy die Kesselmitte auf 3.250 mm über Schienenoberkante anheben. Ein Novum im österreichischen Lokomotivbau war der große Überhitzer, der Dampftemperaturen von bis zu 350° C ermöglichte. Beim Fahrwerk der als Reihe 570 bezeichneten Neuentwicklung wurde das vordere Drehgestell der Reihe 209 verwendet. Die Kuppelräder erhielten einen Durchmesser von 1.740 mm, was eine zulässige Höchstgeschwindigkeit von 100 km/h erlaubte. Im Interesse eines guten Bogenlaufs war die vierte Kuppelachse seitenverschiebbar gelagert und der Spurkranz der zweiten Kuppelachse geschwächt.

Mit der Lieferung der beiden Baumuster der Reihe 570 beauftragte die SB die Maschinenfabrik der österreichisch-ungarischen Eisenbahngesellschaft (StEG) in Wien. 1915 stellte die SB schließlich ihre beiden Schnellzug-Giganten in Dienst. Von Wien Süd aus bespannten die beiden Loks Schnellzüge über den Semmering bis nach Mürzzuschlag. Aufgrund des Ersten Weltkriegs konnte die SB jedoch keine weiteren Maschinen beschaffen. 1916 wurden die beiden 570er nach Triest umgesetzt. Nach dem Ersten Weltkrieg verblieben die beiden Maschinen in Jugoslawien und Italien. Erst Anfang der 1920er-Jahre kehrten die beiden Gebirgsschnellzugloks nach Österreich zurück.

Die Erfolge, die die SB mit ihren beiden Maschinen hatte, wurden bei der Kaschau-Oderberger Eisenbahn in der ungarischen Reichshälfte aufmerksam verfolgt. Die Kaschau-Oderberger Eisenbahn unternahm 1916 mit der 570.01 auf ihren Strecken Versuchsfahrten, die zur vollsten Zufriedenheit des Unternehmens verliefen. Anschließend gab die Kaschau-Oderberger Eisenbahn fünf leicht modifizierte 570er in Auftrag, die 1918 geliefert wurden und wenig später als 455.001 bis 455.005 zu den Tschechoslowakischen Staatsbahnen (CSD) gelangten. Dort hatten sie erst Mitte der 1960er-Jahre ausgedient.

Obwohl die Österreichischen Bundesbahnen (BBÖ) in den 1920er-Jahren eine leistungsstarke Maschine für den Reisezugdienst benötigten, verzichteten sie auf einen Nachbau der Reihe 570. Sie stand jedoch Pate bei der Entwicklung der Reihe 113 (siehe Seite 84). Die ÖBB beimatete die beiden 570er zunächst in Mürzzuschlag, ab 1933 in Wien Süd und ab 1937 in Wien West. Dort wurden sie in einem gemeinsamen Umlauf mit der Baureihe 113 eingesetzt. Nach der Übernahme durch die Deutsche Reichsbahn (DRB) trugen die beiden Südbahn-Giganten die Nummern 33 001 und 33 002. Die DRB setzte die Loks wenig später nach Villach um, wo sie auch nach dem Ende des Zweiten Weltkriegs verblieben. Erst Ende der 1940er-Jahre kehrten die Loks nach Wien zurück. Wenig später hatten die beiden Einzelgänger ausgedient. Die Österreichischen Bundesbahnen musterten die Loks 1954 aus.

Bauart		**2'Dh2**
Länge über Puffer (Tender Reihe 87)	mm	20.350
Höchstgeschwindigkeit v/r	km/h	100
Zylinderdurchmesser	mm	610
Kolbenhub	mm	650
Treib- und Kuppelraddurchmesser	mm	1.740
Laufraddurchmesser v	mm	1.034
Kesselüberdruck	kp/cm^2	14
Rostfläche	m^2	4,47
Verdampfungsheizfläche	m^2	200,3
Brennstoffvorrat	t	7,36
Wasserkasteninhalt	m^3	27,0

Ab 1937 waren die beiden Dampfloks der Reihe 570 in Wien West, später dann in Villach stationiert. 1954 wurden die Maschinen ausgemustert.

Die Umbaulok – die Reihe 670
(ÖBB-Reihe 39)

Bereits vor dem Ersten Weltkrieg fehlte den kaiserlich-königlichen österreichischen Staatsbahnen (kkStB) für den Einsatz auf der Nord-Süd-Strecke von Wien über Selzthal, Villach und Pontafel nach Triest eine leistungsfähige Schnellzugdampflok. Diese sollte in der Lage sein, einen 400 t schweren Zug ohne Vorspann über eine 18-Promille-Steigung zu schleppen. Allerdings durfte die Achsfahrmasse 14,5 t nicht überschreiten und der Rost musste für die Verfeuerung minderwertiger Kohle ausgelegt sein. Die Entwicklung der benötigten Maschine übernahm Karl Gölsdorf (1861–1916) als Leiter der Konstruktionsabteilung der kkStB. Die als Reihe 470 bezeichnete Type sollte eine von Gölsdorf letzten Arbeiten sein. Gölsdorf entwarf eine 1´D1´h4v-Maschine mit einem Kuppelraddurchmesser von 1.614 mm. Der relativ kleine Kuppelraddurchmesser stellte eine gutes Beschleunigungsvermögen sicher. Der hochgesetzte Kessel, den Gölsdorf leicht modifiziert von den Güterzugloks der Reihe 380 übernahm, ermöglichte die Ausbildung eines großen Rostes. Aus Gewichtsgründen

Die Wiener Lokomotivfabrik Floridsdorf baute zwischen 1927 und 1929 acht Exemplare der Reihe 470 in Zweizylinder-Maschinen (Reihe 670) um.

Die Deutsche Reichsbahn bezeichnete die Maschinen der Reihe 670 ab 1938 als Baureihe 39^3.

verzichtete Gölsdorf auf ein vorderes Krauss-Helmholtz-Gestell und konzipierte die vordere und hintere Laufachse als Adamsachse. Binnen weniger Monate konnte Gölsdorf die Konstruktionsarbeiten an der Reihe 470 abschließen. 1914 lieferte die Wiener Lokomotivfabrik Floridsdorf die beiden Baumuster an die kkStB. Bei den anschließenden Probefahrten auf den Strecken Knittelfeld–Villach und Salzburg–Insbruck sowie der Tauernbahn erfüllte die 470.01 die in sie gesetzten Erwartungen. Sie konnte einen 390 t schweren Schnellzug mit 55 km/h mühelos über eine 10-Promille-Steigung schleppen. Die kkStB bestellten daraufhin 1916 weitere 25 Maschinen. Doch während des Ersten Weltkriegs besaß der Bau von Güterzugmaschinen Vorrang, sodass die Bestellung auf zehn Maschinen reduziert werden musste. Die Wiener Lokomotivfabrik Floridsdorf lieferte diese Loks erst in den Jahren 1918/19 ab.

Die Österreichischen Bundesbahnen (BBÖ) waren aber mit der Reihe 470 höchst unzufrieden, da sie im Betriebsdienst durch einen sehr hohen Kohleverbrauch auffiel.

Ursache dafür waren die großen Doppelschieber. Deren Eigenwiderstand war so groß, dass die Lokführer auch bei der Talfahrt Dampf geben mussten. Die BBÖ beschlossen daher, acht der zwölf Vierzylinder-Verbundloks in Zweizylinder-Maschinen umzubauen. Dies übernahm zwischen 1927 und 1929 die Wiener Lokomotivfabrik Floridsdorf.

Bauart		**1'D1'h2**
Länge über Puffer (Tender Reihe 156)	mm	18.685
Höchstgeschwindigkeit v/r	km/h	90
Zylinderdurchmesser	mm	560
Kolbenhub	mm	680
Treib- und Kuppelraddurchmesser	mm	1.614
Laufraddurchmesser v/h	mm	1.034/1.034
Kesselüberdruck	kp/cm^2	15
Rostfläche	m^2	4,46
Verdampfungsheizfläche	m^2	178,4
Brennstoffvorrat	t	6,8
Wasserkasteninhalt	m^3	16,0

Die anderen Loks wurden ausgemustert. Die Umbauloks der Reihe 670 waren ein voller Erfolg. Sie waren deutlich sparsamer als die Reihe 470. Auch das Laufverhalten der Loks verbesserte sich, sodass die Reihe 670 nun für 90 km/h zugelassen werden konnte. Ab 1931 war die Reihe 670 in Wien stationiert, wo sie 1938 durch die Deutsche Reichsbahn (DRB) zur Baureihe 39^3 umgezeichnet wurde. Nach dem Zweiten Weltkrieg verblieben sieben Exemplare in der Alpenrepublik, wo sie ab 1953 als Baureihe 39 auf der West- und der Franz-Josefs-Bahn im Einsatz waren. Im Oktober 1957 hatte dann die ehemalige Reihe 670 ausgedient.

Von der Mariazellerbahn ins Waldviertel – die Reihe Mh (ÖBB-Reihe 399)

Die Reihe Mh war ursprünglich für die Mariazellerbahn bestimmt. Nach deren Elektrifizierung fanden die Loks im Waldviertel eine neue Heimat. 99 1112 (ex Mh 2; ÖBB 399.02) wird heute in Gmünd für Sonderfahrten vorgehalten.

Bauart		**D2'h2st**
Länge über Puffer	mm	11.665
Höchstgeschwindigkeit v/r	km/h	40/40
Zylinderdurchmesser	mm	410
Kolbenhub	mm	450
Treib- und Kuppelraddurchmesser	mm	920
Laufraddurchmesser h	mm	660
Kesselüberdruck	kp/cm^2	13
Rostfläche	m^2	1,59
Verdampfungsheizfläche	m^2	78,85
Brennstoffvorrat	t	1,92
Wasserkasteninhalt	m^3	5,0

Zu den bekanntesten Schmalspurbahnen Österreichs gehört zweifelsohne die in mehreren Abschnitten eröffnete Mariazellerbahn. Zunächst wurde am 4. Juli 1898 der Abschnitt St. Pölten–Kirchberg an der Pielach eröffnet. Wenige Tage später, am 24. Juli 1898, folgte der Abschnitt Obergrafendorf–Mank, bevor dann am 6. August 1905 die Teilstrecken Mank–Ruprechtshofen und Kirchberg an der Pielach–Laubenbachmühle folgten. Die Verlängerung nach Mariazell konnte erst am 2. Mai 1907 ihrer Bestimmung übergeben werden. Das letzte Teilstück Mariazell–Gusswerk wurde schließlich am 15. Juli 1905 für den Verkehr freigegeben. Mit dem Bau der Strecke nach Mariazell benötigten die Niederösterreichischen Landesbahnen (NÖLB), die das Streckennetz der Mariazellerbahn betrieben, neue leistungsfähige Dampfloks. Die bisher eingesetzten Dreikuppler der Reihe U (siehe Seite 60) waren für die geplanten Zuglasten auf den Steigungen von bis zu 24 Promille zu schwach. Außerdem mussten die Vorräte der Maschinen vergrößert werden. Die Firma Krauss aus Linz schlug den NÖLB daher den Bau einer vierfach gekuppelten Stütztender-Maschine vor.

Die NÖLB stimmten dem Vorschlag zu, bestanden aber auf einem Heißdampftriebwerk. Bereits 1906 stellten die NÖLB die ersten vier Exemplare der neuen Reihe Mh in Dienst. 1908 folgten noch zwei weitere Maschinen.

Die Loks waren in der Lage, in der Maximalsteigung einen 120 t schweren Zug mit 30 km/h zu befördern. Doch die Ära der Reihe Mh währte nur kurz. Nach der Elektrifizierung der Mariazellerbahn im Jahr 1911 wurden die Loks zu den Schmalspurbahnen des Waldviertels umgesetzt. Dort wurden sie von der Deutschen Reichsbahn 1938 zur Baureihe 99^{111} umgezeichnet. Die Österreichischen Bundesbahnen (ÖBB) gaben den sechs Stütztenderloks die Baureihennummer 399. Drei der inzwischen 100-jährigen Loks gehören noch heute zum Betriebspark der ÖBB und werden in Gmünd für Nostalgiefahrten vorgehalten.

Die Dampf-Reserve – die Reihe Mv
(ÖBB-Reihe 299)

Bauart		D2′n2vst
Länge über Puffer	mm	11.665
Höchstgeschwindigkeit v/r	km/h	40/40
Zylinderdurchmesser HD/ND	mm	370/550
Kolbenhub	mm	450
Treib- und Kuppelraddurchmesser	mm	920
Laufraddurchmesser h	mm	660
Kesselüberdruck	kp/cm^2	13
Rostfläche	m^2	1,59
Verdampfungsheizfläche	m^2	95,04
Brennstoffvorrat	t	1,92
Wasserkasteninhalt	m^3	5,0

Parallel zu den Heißdampfmaschinen der Reihe Mh (siehe Seite 94) entwickelte die Firma Krauss in Linz noch eine vierfach gekuppelte Stütztender-Dampflok mit Zweizylinder-Verbundtriebwerk. Die als Reihe Mv bezeichnete Type stimmte mit der Reihe Mh weitgehend überein. Lediglich der Rohrspiegel des Kessels und das Triebwerk wichen voneinander ab. Die Niederösterreichischen Landesbahnen (NÖLB) stellten die beiden Verbund-Maschinen 1907 in Dienst. Anschließend wurden die Mh und die Mv gemeinsam im Betriebsdienst eingesetzt. Die Heißdampfloks waren den Verbund-Maschinen in Sachen Verbrauch und Unterhaltungskosten deutlich überlegen. Die NÖLB verzichtete daher auf die Beschaffung weiterer Loks der Reihe Mv. Die beiden Baumuster blieben damit Einzelgänger.

Nach der Aufnahme der elektrischen Zugförderung auf der Mariazellerbahn am 7. Oktober 1911 verblieben die beiden Verbundloks im Schmalspur-Heizhaus von St. Pölten, wo sie fortan meist als Reservemaschinen für die Mariazellerbahn fungierten. Später halfen sich auch auf den Schmalspurbahnen des Waldviertels aus.

Die Deutsche Reichsbahn (DRB) reihte die beiden Einzelgänger 1938 als 99 1101 und 99 1102 in ihren Fahrzeugpark ein. Auch nach dem Zweiten Weltkrieg verblieben die Stütztenderloks in Niederösterreich, wo sie 1953 von den Österreichischen Bundesbahnen (ÖBB) zur Baureihe 299 umgezeichnet wurden. Als erste ihrer Gattung schied 1964 die 299.02 aus dem Bestand aus. Sie wurde anschließend zu einem schmalspurigen Klima-Schneepflug umgebaut. Dasselbe Schicksal ereilte die 1973 ausgemusterte Schwestermaschine.

Von der Reihe Mv beschafften die NÖLB lediglich zwei Exemplare. 99 1102 stand Ende der 1930er-Jahre im Bw Gmünd, wo die Lok 1964 ausgemustert wurde.

Die Alleskönner – die Reihe 475.1
(CSSR)

Bauart		2´D1´h3
Höchstgeschwindigkeit v/r	km/h	100
Zylinderdurchmesser	mm	530
Kolbenhub	mm	680
Treib- und Kuppelraddurchmesser	mm	1.750
Laufraddurchmesser v/h	mm	830/1.100
Kesselüberdruck	kp/cm²	16
Rostfläche	m²	4,34
Verdampfungsheizfläche	m²	201,0
Brennstoffvorrat	t	14,9
Wasserkasteninhalt	m³	26,0

Nach dem Zweiten Weltkrieg befand sich der Fahrzeugpark der Tschechoslowakischen Staatsbahnen (CSD) in einem Besorgnis erregenden Zustand. Ein erheblicher Teil der Maschinen war überaltert und verschlissen. Daher befassten sich die CSD bereits 1945 mit der Entwicklung und Beschaffung neuer Dampflokomotiven. Oberste Priorität besaß dabei der Bau einer universell einsetzbaren Type, die eine Höchstgeschwindigkeit von 100 km/h erreichen sollte und eine Achsfahrmasse von 15 t nicht überschreiten durfte. Im Hinblick auf eine rationelle Fertigung und kostengünstige Unterhaltung sollten zahlreiche Baugruppen der parallel entwickelten Schnellzug-Maschine der Reihe 498.0 verwendet werden. In Anbetracht der geforderten Leistung entschieden sich die Ingenieure der Skoda-Werke Pilsen für eine 2´D1´h2-Maschine, die erstmals bei den CSD einen geschweißten Verbrennungskammer-Kessel besaß. Eine weitere Neuerung war der so genannte Waagebalken im Federausgleich der Lok. Dadurch konnte die Achsfahrmasse wahlweise auf 15 oder 16,5 t eingestellt werden. Bereits 1947 stellten die CSD die ersten fünf Exemplare der neuen Reihe 475.1 in Dienst. Im Laufe der Serienproduktion, die 1950 nach 187 Maschinen für die CSD endete (25 weitere wurden 1950 nach Nordkorea verkauft), wurde die Reihe 475.1 schrittweise modifiziert.

Die bei der 475.180 erprobte Kylchap-Doppelblasrohranlage bewährte sich sehr gut, sodass alle 475er entsprechend umgebaut wurden. Ab 475.156 wurden die Loks mit einer Stokerfeuerung ausgerüstet. Zunächst setzten die CSD die Reihe 475.1 im schnellen Güterverkehr ein. Recht bald wurden die Loks jedoch bevorzugt im schweren Eil- und Schnellzugdienst verwendet. Wichtigste Einsatzgebiete der Maschinen waren die Strecken im Süden der Slowakei und Mährens sowie die Bahnlinien durch das böhmische Hügelland. Dort bespannten die bei den Personalen geschätzten Maschinen auch schwere Schotter- und Kohlezüge. Bereits Mitte der 1970er-Jahre schoben die CSD die Reihe 475.1 auf das Abstellgleis. Immerhin blieben vier Exemplare als Museumsloks in Tschechien und der Slowakei erhalten.

Die CSD stellten zwischen 1947 und 1950 insgesamt 187 Maschinen der Reihe 475.1 in Dienst. Die Universalloks waren meist im Süden der Slowakei und Mährens stationiert.

Einfach aber leistungsstark – die Reihe Pt 31
(Polen)

Bauart		1'D1'h2
Höchstgeschwindigkeit v/r	km/h	110/50
Zylinderdurchmesser	mm	630
Kolbenhub	mm	700
Treib- und Kuppelraddurchmesser	mm	1.850
Laufraddurchmesser v/h	mm	1.000/1.200
Kesselüberdruck	kp/cm²	15
Rostfläche	m²	4,50
Verdampfungsheizfläche	m²	234,0
Brennstoffvorrat	t	10
Wasserkasteninhalt	m³	32
Leistung	PS	2.000

In der zweiten Hälfte der 1920er-Jahre benötigten die Polnischen Staatsbahnen (PKP) vor allem für den so genannten Korridorverkehr zwischen dem Deutschen Reich und Ostpreußen neue leistungsstarke Schnellzugmaschinen. Deren Entwicklung übernahm die Lokfabrik Cegielski in Poznan. Die als Pu 29 bezeichnete 2´D1´h2-Maschine erfüllte zwar die Leistungsanforderungen der PKP, war aber für den Einsatz in Polen nur bedingt geeignet. Mit einem Achsstand von 21.195 mm war die Pu 29 für die meist nur 20 m langen Drehscheiben der PKP zu lang. Aus diesem Grund erhielt die Lokfabrik Chrzanow den Auftrag, auf Basis der Pu 29 eine verkürzte Schnellzuglok zu entwickeln. Bereits 1931 waren die konstruktiven Arbeiten an der als Pt 31 bezeichneten 1´D1´h2-Maschine abgeschlossen. Das Triebwerk der Pt 31 war mit dem der Pu 29 identisch. Der Kessel wurde lediglich verkürzt. 1932 lief dann die Serienfertigung der Pt 31 an, von der bis 1940 insgesamt 110 Exemplare geliefert wurden.

Nach der Besetzung Polens durch die Deutsche Wehrmacht wurde die Pt 31 zur Baureihe 19^1 umgezeichnet. Die deutschen Eisenbahner lernten die Vorzüge der einfachen, robusten aber leistungsfähigen Pt 31 zu schätzen. In Sachsen, Bayern und Österreich waren während des Zweiten Weltkrieges zahlreiche Pt 31 im Einsatz. Ende 1940 untersuchte das Lokomotiv-Versuchsamt (LVA) Grunewald zwei Pt 31, die dabei durch ihre hohe Leistung beeindruckten. Nach Kriegsende verblieben der PKP zunächst nur wenige Pt 31.

Erst nach Abschluss der Rückführaktionen aus der DDR und der Bundesrepublik stieg der Bestand bis 1955 auf 80 Maschinen an. Gemeinsam mit den Neubauloks der Reihe Pt 47 trug die Pt 31 nun über Jahre hinweg die Hauptlast des Eil- und Schnellzugdienstes bei den PKP. In den 1970er-Jahren wurde die Pt 31 schrittweise ausgemustert. Lediglich Pt 31-49 blieb der Nachwelt erhalten.

Die Schnellzugloks der Reihe Pt 31 waren bei den Personalen aufgrund ihrer einfachen Bauweise und ihrer großen Leistung beliebt. Die DRB zeichnete die 1939 erbeuteten Loks zur Baureihe 19^1 um.

Neubau nach alten Plänen – die Reihe Pt 47
(Polen)

Nach dem Zweiten Weltkrieg befand sich der Fahrzeugpark der Polnischen Staatsbahnen (PKP) in einem sehr schlechten Zustand. Zum einen war der Lokbestand zersplittert, überaltert und verschlissen, zum anderen hatten die Kriegsereignisse erhebliche Lücken gerissen. Besonders groß war der Engpass bei den Reisezugmaschinen. Die PKP mussten daher umgehend neue Fahrzeuge beschaffen. Dies war aber erst möglich, nachdem die beiden einheimischen Hersteller – die »Erste polnische Lokomotivfabrik« in Chrzanow und die Cegielski-Werke in Poznan – die Produktion aufgenommen hatten. In der Zwischenzeit arbeiteten die PKP ein groß angelegtes Neubau-Programm für Dampfloks aus. Dieses umfasste sieben Typen: Für den Personenzugdienst sah es eine 1´C1´h2-Maschine (Reihe Ol 49; siehe Seite 65) sowie eine 1´D1´h2-Schlepptenderlok (Reihe Pt 47) vor und für den Einsatz im Nebenbahn- und Vorortdienst die Tenderlok der Reihe Tkt 48 (siehe Seite 100).

Die PKP beauftragten die Lokomotivfabrik Chrzanow mit der Entwicklung der Pt 47. Die Ingenieure griffen dabei auf die Pläne der bewährten Pt 31 zurück. Das Trieb- und Laufwerk der Pt 31 wurde ohne Änderung übernommen. Der Kessel hingegen wurde überarbeitet. Die bei der Pt 31 zu geringe Überhitzerheizfläche wurde vergrößert. Allerdings musste dafür die Verdampfungsheizfläche verkleinert werden. Neu waren auch die Stahlfeuerbüchse, die neuen genormten Armaturen und das geschlossene Führerhaus, das von den Güterzugloks der Reihe Ty 45 (siehe Seite 126) übernommen wurde. Außerdem wurde die Pt 47 mit einem Schüttelrost ausgerüstet. Der geschweißte Tender der Reihe 34 D 48 basierte auf dem deutschen Einheitstender der Bauart 2´2´T 34.

Bereits 1947 lieferte Chrzanow die ersten Exemplare der neuen Schnellzugmaschine ab. Da sich die Loks von Beginn an bewährten, gingen die PKP sofort zur Serienlieferung über. Bis 1951 verließen 120 Exemplare der Pt 47 die Werkhallen in Chrzanow. Dazu kamen weitere 60 Maschinen, die die Cegielski-Werke bauten.

Während der laufenden Produktion wurde die Pt 47 weiter verbessert. Die Tender der Reihe 34 D 48 wurden ab 1949 durch solche der Reihe 33 D 48 ersetzt. Diese besaßen mit 17 t einen wesentlich größeren Brennstoffvorrat. Allerdings musste dafür der Wasserkasten geringfügig verkleinert werden. Außerdem wurden einige Pt 47 mit mechanischen Rostbeschickungseinrichtungen, so genannten Stokern, ausgerüstet. Dadurch wurde der Heizer von seiner schweren

Die Schnellzugloks der Reihe Pt 47 basieren auf den Pläne der Pt 31. Insgesamt 120 Exemplare der Pt 47 wurden für die PKP gebaut.

Der Tender der Pt 47 fasste 10 t Kohle.

Bauart		1'D1'h2
Länge über Puffer (Tender 34 D 48)	mm	24.255
Höchstgeschwindigkeit v/r	km/h	110/50
Zylinderdurchmesser	mm	630
Kolbenhub	mm	700
Treib- und Kuppelraddurchmesser	mm	1.850
Laufraddurchmesser v/h	mm	1.000/1.250
Kesselüberdruck	kp/cm^2	15
Rostfläche	m^2	4,5
Verdampfungsheizfläche	m^2	228,3
Brennstoffvorrat	t	10 [1)]
Wasserkasteninhalt	m^3	33 [2)]
Leistung	PS	2.000

Anmerkungen: 1) bei Tender 33 D 48: 17 t
2) bei Tender 33 D 48: 33 m^3

körperlichen Arbeit entlastet. Die Stoker-Tender bezeichneten die PKP als Reihe 27 D 48 (10 t Kohle; 27 m^3 Wasser). Anfang der 1950er-Jahren planten die PKP auf der Grundlage der Pt 47 noch die Entwicklung einer schweren 1'D2'-Schnellzuglok. Dieses Vorhaben musste jedoch nach der Einstellung des Dampflokbaus in der Volksrepublik Polen 1957 zu den Akten gelegt werden.

So blieb die Pt 47 gemeinsam mit der Pt 31 die wichtigste Schnellzugdampflok in Polen. Erst ab Ende der 1970er-Jahre hatten die imposante Maschinen schrittweise ausgedient.

Als Museumsloks blieben aber mehrere Exemplare erhalten. Allein im Depot Wolsztyn werden mit Pt 47-65, Pt 47-106 und Pt 47-112 drei Maschinen vorgehalten. Zwei von ihnen sind betriebsfähig und werden noch immer im Plandienst eingesetzt.

Die Pt 47-20 war am 1. Juni 1977 mit einem Sonderzug bei Ziebice unterwegs. Die Lok war mit einer Indusi ausgerüstet.

Die Unscheinbare – die Reihe Tkt 48
(Polen)

Bauart		1'D1'h2t
Länge über Puffer	mm	14.140
Höchstgeschwindigkeit v/r	km/h	80/80
Zylinderdurchmesser	mm	500
Kolbenhub	mm	700
Treib- und Kuppelraddurchmesser	mm	1.450
Laufraddurchmesser v/h	mm	850/850
Kesselüberdruck	kp/cm^2	16
Rostfläche	m^2	2,97
Verdampfungsheizfläche	m^2	123,1
Brennstoffvorrat	t	6
Wasserkasteninhalt	m^3	10
Leistung	PS	1.100

Für den Personen- und Güterverkehr auf Nebenbahnen standen den Polnischen Staatsbahnen (PKP) nach dem Zweiten Weltkrieg meist nur preußische oder österreichische Tenderloks zu Verfügung. Diese hatten aber zumeist ihre Nutzungsgrenze erreicht und entsprachen nicht mehr den betrieblichen Erfordernissen. Deshalb sah das Neubaulok-Programm der PKP auch die Beschaffung einer einfachen, robusten aber leistungsfähigen Nebenbahn-Tenderlok vor. Die Entwicklung der als Tkt 48 bezeichneten Type übernahm das von den PKP in Poznan betriebene zentrale Konstruktionsbüro. Die Ingenieure griffen bei ihrer Arbeit auf Unterlagen der Deutschen Reichsbahn (DRB) zurück. Diese hatte sich Ende der 1930er-Jahre mit der Beschaffung einer 1'D1'h2-Tenderlok mit 18 t Achsfahrmasse beschäftigt. Die als Baureihe 83 geplante Type konnte aber aufgrund des Zweiten Weltkrieges nicht mehr gebaut werden. Ein in den Linke-Hofmann-Werken Breslau (Wroclaw) verbliebener Entwurf dieser Baureihe 83 bildete nun die Grundlage für die Entwicklung der Tkt 48. Die PKP rüstete ihre Maschinen mit einem geschweißten Steh- und einem genieteten Langkessel aus. Außerdem hatten die Loks eine Stahlfeuerbüchse, einen Schüttelrost, seitliche Luftklappen sowie Krauss-Helmholtz-Lenkgestelle.

Die ersten Exemplare der Tkt 48 lieferte 1950 die Lokomotivfabrik Chrzanow. Bei den Versuchsfahrten überzeugte die Tkt 4 durch ihre Zugkraft. Die Loks waren in der Lage, in der Ebene anstandslos einen 620 t schweren Zug mit 80 km/h zu befördern. Bis 1957 stellten die PKP insgesamt 194 Maschinen in Dienst. Fünf weitere Tkt 48 wurden nach Albanien geliefert.

Erst in den 1980er-Jahren verschwanden die Tenderloks aus dem Betriebsdienst. Einige von ihnen blieben jedoch als Museumsmaschinen erhalten. Im Depot Wolsztyn wird beispielsweise die betriebsfähige Tkt 48-148 vorgehalten.

Die Tenderloks der Reihe Tkt 48 waren für den Einsatz auf Nebenbahnen gedacht. Typisch für die Maschinen waren die links und rechts neben dem Schornstein montierten Windleitbleche.

Kleiner Exportschlager – Reihe Px 48
(Polen)

Bauart		Dh2
Länge über Puffer (Tender Reihe Tx 48)	mm	12.826
Höchstgeschwindigkeit v/r	km/h	35/35
Zylinderdurchmesser	mm	320
Kolbenhub	mm	360
Treib- und Kuppelraddurchmesser	mm	750
Kesselüberdruck	kp/cm^2	13
Rostfläche	m^2	1,15
Verdampfungsheizfläche	m^2	40,43
Brennstoffvorrat	t	4,0
Wasserkasteninhalt	m^3	6,0
Leistung	PS	250

Die Polnischen Staatsbahnen (PKP) beschafften für ihre Schmalspurbahnen mit 750 mm und 785 mm Spurweite zwischen 1949 und 1955 insgesamt 214 Dampflokomotiven der Reihen Px 48 (vierachsiger Tender) und Px 49 (dreiachsiger Tender). Grundlage dieser beiden von der Firma Chrzanow gebauten Typen war eine Konstruktion der Lokomotivfabrik Fablok, von der die PKP ab 1929 bereits 21 Exemplare der Reihen Px 28 und Px 29 beschafft hatten.

Die Nachkriegsentwicklungen Px 48 und Px 49 unterschieden sich von den Vorkriegsmaschinen lediglich durch einen vergrößerten Rost, eine größere Heizfläche, einen vergrößerten Überhitzer und ein geschlossenes Führerhaus. Dank des Kohlenvorrates von 6 t hatten die Maschinen einen Aktionsradius von rund 80 km. Die Px 48 entwickelte sich zu einem Exportschlager: Zehn Maschinen wurden 1949 nach Rumänien exportiert. Weitere 12 Maschinen erwarben 1950 die Jugoslawischen Eisenbahnen (JZ). Als Ersatz für ihre überalterten Meterspur-Maschinen ließen die PKP zwischen 1969 und 1974 insgesamt 17 Exemplare der Reihe Px 48 im Ausbesserungswerk Nowy Sacz von 750 mm auf 1.000 mm Spurweite umbauen.

Erst Ende der 1980er-Jahren lichteten sich die Reihen der Schmalspurmaschinen. Einige Px 48 halten die PKP für Dampfsonderfahrten auf ihren Bimmelbahnen vor. Andere fanden im Ausland eine neue Heimat, u.a. in Deutschland.

Die Maschinen der Reihe Px 48 waren auf zahlreichen polnischen Schmalspurbahnen im Einsatz. Px 48-1748 stand im Mai 1976 in Sochaczew.

Ungarns Universalmaschine – die Reihe 424
(Ungarn)

Die 2'Dh2-Maschinen der Reihe 424 waren in Ungarn vor allen Zugarten anzutreffen. Zwischen 1924 und 1959 wurden mehr als 500 Loks gebaut, die auch in die Slowakei und nach Nordkorea geliefert wurden.

Bauart		2'Dh2
Länge über Puffer	mm	21.039
Höchstgeschwindigkeit v/r	km/h	85 1)
Zylinderdurchmesser	mm	600
Kolbenhub	mm	660
Treib- und Kuppelraddurchmesser	mm	1.600
Kesselüberdruck	kp/cm²	13 2)
Rostfläche	m²	4,46
Verdampfungsheizfläche	m²	256,98 3)
Brennstoffvorrat	t	9
Wasserkasteninhalt	m³	21 4)
Leistung	PS	1.800

Anmerkungen: 1) später auf 90 km/h angehoben
2) später auf 14 kp/cm² angehoben
3) später auf 266.30 angehoben
4) später auf 24 m³ vergrößert

Mit der Unabhängigkeitserklärung Ungarns am 17. Oktober 1918 und der Proklamation der Republik am 16. November 1918 war der Zerfall der Doppelmonarchie Österreich-Ungarn unumkehrbar. Durch den Vertrag von Trianom vom 4. Juni 1920 verlor Ungarn jedoch rund 70 % seines bisherigen Staatsgebietes. Damit verbunden waren auch erhebliche Fahrzeugabgaben der Ungarischen Staatseisenbahnen (MAV). Die MAV mussten nun umgehend ihren Lokomotivbestand ergänzen, denn viele der vorhandenen Maschinen waren völlig überaltert. Um mit möglichst wenigen Typen auszukommen, strebten die MAV die Beschaffung einer universell einsetzbaren Schlepptenderlok an. Deren Achsfahrmasse durfte im Hinblick auf den meist schwachen Oberbau der MAV 14,5 t nicht überschreiten. Außerdem musste der Rost großzügig dimensioniert sein, damit die vorhandene minderwertige Kohle verfeuert werden konnte. Die Entwicklung der neuen Maschine übernahm die Ungarische Staatliche Eisen-, Stahl- und Maschinenfabrik (MAVAG) in Budapest. Bereits 1924 stellten die MAV die ersten Maschinen der Reihe 424 in Dienst. Bis 1932 wurden insgesamt 27 Loks gebaut. Die Reihe 424 erwies sich als die gewünschte Universal-Maschine. Dank ihres leistungsfähigen Kessels war sie in der Lage, einen 1.400 t schweren Zug in der Ebene mit 50 km/h zu befördern. Aus finanziellen Gründen konnten die MAV jedoch in den 1920er- und 1930er-Jahren keine weiteren 424er ordern. Erst 1940 lief die Serienfertigung der Reihe 424 wieder an. Bis 1944 folgten weitere 214 Maschinen. Nach dem Zweiten Weltkrieg wurde die Produktion fortgesetzt, sodass bis 1959 insgesamt 385 Loks für die MAV gebaut wurden. Dazu kamen noch Exportaufträge für die Slowakei und Nordkorea. Insgesamt verließen mehr als 500 Exemplare die Werkhallen.

Dank ihrer Vielseitigkeit gehörte die Reihe 424 zu den letzten in Ungarn eingesetzten Dampfloks. Die Maschinen waren bis Anfang der 1980er-Jahre vor Personen- und Güterzügen zu sehen. Zeitweise war die Reihe 424 auch im Wendezugdienst im Einsatz.

Die »Pershing« – die Reihen 140 G (Frankreich) und Tr 20 (Polen)

Bauart		1'Dh2
Länge über Puffer	mm	20.158
Höchstgeschwindigkeit v/r	km/h	60
Zylinderdurchmesser	mm	533
Kolbenhub	mm	710
Treib- und Kuppelraddurchmesser	mm	1.420
Laufraddurchmesser v/h	mm	842
Kesselüberdruck	kp/cm²	12
Rostfläche	m²	3,03
Verdampfungsheizfläche	m²	172,91
Brennstoffvorrat	t	9
Wasserkasteninhalt	m³	20,4

Kriegsloks waren keine Erfindung des Zweiten Weltkrieges. Bereits im Ersten Weltkrieg beschafften das deutsche Kaiserreich und Österreich-Ungarn Dampfloks für den Einsatz in den von ihnen besetzten Gebieten. Dabei griffen sie in erster Linie auf bewährte Gattungen zurück. Die erste richtige Kriegslok entstand in Amerika. Mit dem Eintritt der USA in den Ersten Weltkrieg im April 1917 kam der zivile Fahrzeugbau vorübergehend zum Erliegen. Die Lokomotivfabriken und Ausbesserungswerke der Bahngesellschaften wurden umgehend in die Rüstungsproduktion eingebunden.

Parallel dazu bildete das so genannte Kriegsproduktionsamt der US-Regierung die »US Railrod Administration« (USRA), die im Sommer 1917 ein zentrales Konstruktionsbüro schuf. Dieses entwickelte binnen weniger Monate zwölf Einheitstypen für die amerikanischen Bahngesellschaften. Für die Konstruktion der in Europa benötigten Kriegsloks war die US-Armee verantwortlich. Die Firma Baldwin entwarf nach den Vorgaben der Armee eine robuste aber leistungsfähige 1'Dh2-Schlepptenderlok, die als »Pershing« bezeichnet wurde. Namensgeber war der Oberbefehlshaber der US-Truppen in Europa, General John Joseph Pershing (1860–1948). Nach nur wenigen Wochen lief 1917 die Serienfertigung der »Pershing« an. Die Loks wurden in Einzelteilen nach Frankreich verschifft und dort montiert. Nach Kriegsende verblieben die Maschinen als Wiederaufbauhilfe in Europa. Die meisten »Pershing« übernahm Frankreich (Reihe 140 G). Auch Polen meldete Bedarf an. Baldwin baute zwischen 1919 und 1922 weitere 175 Exemplare, die die Polnischen Staatsbahnen als Tr 20 bezeichneten. Die »Pershing« geizte zwar nicht mit Leistung, doch ihre Laufeigenschaften waren schlecht und ihr Kohleverbrauch zu hoch. Gleichwohl waren die Maschinen bis Mitte der 1950er-Jahre im mittelschweren Güterzugdienst im Einsatz. Während des Zweiten Weltkrieges beschlagnahmte die Deutsche Reichsbahn zahlreiche französische und polnische »Pershing«.

Die Deutsche Reichsbahn setzte während des Zweiten Weltkrieges zahlreiche französische und polnische »Pershing« ein. 140 G 531 des Bw Elsterwerda stand in den 1940er-Jahren auf der Drehscheibe des RAW Cottbus.

Made in USA« – die Reihe 141 R
(Frankreich)

Bauart		1'D1'h2
Länge über Puffer (Tender Reihe 30 R)	mm	24.200
Höchstgeschwindigkeit v/r	km/h	110/50
Zylinderdurchmesser	mm	597
Kolbenhub	mm	711
Treib- und Kuppelraddurchmesser	mm	1.650
Kesselüberdruck	kp/cm^2	15,5
Rostfläche	m^2	5,2
Verdampfungsheizfläche	m^2	250,74
Brennstoffvorrat	t	12 [1)]
Wasserkasteninhalt	m^3	30
Leistung	PS	2.900

Anmerkung: 1 bei Ölloks: 13,25 m^3 Heizöl

Während des Zweiten Weltkrieges wurde der Fahrzeugbestand der »Nationalgesellschaft der französischen Eisenbahn« (SNCF) erheblich dezimiert. Die großen Lücken mussten schnellstmöglich geschlossen werden. Aus diesem Grund schickte die SNCF am 3. Dezember 1944 eine Delegation in die USA, die dort über die Beschaffung einer einfachen aber leistungsfähigen Universal-Dampflok verhandeln sollte. Die Federführung dabei oblag den Baldwin-Werken. Die ersten Zeichnungen für die als Reihe 141 R vorgesehene Type lagen bereits im Januar 1945 vor. Zwei Monate später begann die Serienfertigung der 141 R, von der die SNCF insgesamt 1.340 Exemplare – davon 620 mit Ölhauptfeuerung – bestellte. Um den Bedarf an der Reihe 141 R so schnell wie möglich decken zu können, vergab man neben den US-amerikanischen Firmen LIMA und ALCO auch einige Baulose an die kanadischen Hersteller Montreal Loco und Canadian Loco. Bereits am 30. Juni 1945 verließ die erste 141 R festlich geschmückt die LIMA-Werkhallen. Die ersten vier Maschinen trafen am 3. November 1945 im Hafen von Cherbourg ein. Später wurden die Loks auch in Marseille und St. Nazaire angelandet. 17 Loks erreichten das Festland nicht – 16 sanken mit ihrem Frachter 1947, eine fiel beim Entladen ins Meer.

Binnen weniger Monate entwickelte sich die Reihe 141 R zur wichtigsten Dampflok der SNCF. Anfang der 1950er-Jahren machten die Loks »Made in Amerika« rund 15 % des Fahrzeugparks der SNCF aus. Sie erbrachten dabei über 40 % der Beförderungsleistungen. Bei den Personalen standen die als »Liberation« bezeichneten Vierkuppler hoch im Kurs. Sie waren einfach in der Bedienung und Wartung und äußerst leistungsstark. Für die Lokheizer entfiel dank des Stokers bzw. der Ölhauptfeuerung die schwere körperliche Arbeit.

Zwar setzte die Ausmusterung der 141 R schon 1962 ein, doch 1970 standen noch immer rund 600 Maschinen – die letzten Dampfloks in Frankreich – im Dienst der SNCF. Erst im Frühjahr 1974 endete der Plandienst der 141 R, von der drei Exemplare in Frankreich und der Schweiz erhalten geblieben sind.

Das Depot Lyon-Venissieusc setzte im Herbst 1971 noch einige Exemplare der Reihe 141 R ein.

Europas größte Dampflok – die Reihe 241
(Frankreich)

Die Reihe 241 ging als größte Dampflok Europas in die Eisenbahngeschichte ein.

Bauart		2´D1´h3v
Höchstgeschwindigkeit v/r	km/h	bis zu 150 (Messfahrten)
Zylinderdurchmesser HD/ND	mm	600/680
Kolbenhub HD/ND	mm	720/760
Treib- und Kuppelraddurchmesser	mm	1.950
Kesselüberdruck	kp/cm^2	20
Rostfläche	m^2	5,0
Verdampfungsheizfläche	m^2	252,7
Brennstoffvorrat	t	11,4
Wasserkasteninhalt	m^3	34
Leistung	PS	ca. 5.000

Ende der 1920er-Jahre benötigte die Französische Staatsbahn (ETAT) für den schweren Schnellzugdienst eine neue Dampflok, deren Entwicklung 1931 das »Office Central d´Etudes de Matériel« (OCEM) übernahm. Die Fertigung des Baumusters übernahm die Firma Fives-Lille, die die Lok als 241-101 im September 1932 an die ETAT auslieferte. Ungewöhnlich für französische Verhältnisse war das Dreizylinder-Triebwerk. Doch die Maschine – sie ging als Europas größte Dampflok in die Annalen ein – war eine Fehlkonstruktion. Aufgrund der mangelhaft konstruierten Steuerung konnte die 241-101 nicht wie geplant im schweren Schnellzugdienst zwischen Paris und Cherbourg eingesetzt werden. Bereits ab 1936 diente die Maschine als Wärmespender im Depot Achéres vor den Toren von Paris.

Erst zehn Jahre später erweckte der Chefingenieur der »Nationalgesellschaft der französischen Eisenbahn« (SNCF), André Chapelon (1892–1978), den Schienengiganten zu neuem Leben. Er entwickelte für die 241 u.a. ein neues Dreizylinder-Verbundtriebwerk und einen neuen Überhitzer. Anschließend wurde die Lok im Ausbesserungswerk St. Chamond nach Chapelons Vorgaben umgebaut und im April 1946 als 241 A 1 in Dienst gestellt. Bis 1950 wurde die Maschine dann zahllosen Messfahrten unterzogen. Dabei erreichte die Lok Höchstgeschwindigkeiten bis zu 150 km/h und Leistungen von 5.000 PS. Ab 1951 kam die 241 A 1 gemeinsam mit Loks der Reihe 141 R (siehe Seite 104) vom Depot Le Mans aus auf der Strecke nach Brest zum Einsatz. Da die Lok jedoch ein Einzelgänger war, wurde sie bereits ab Mitte der 1950er-Jahre nur noch als Reserve vorgehalten. Nach ihrer Umbeheimatung nach St. Brieuc Anfang 1962 wurde die Lok wenig später ausgemustert und bis zum Jahresende verschrottet.

Karoline – die Reihe Q
(Dänemark)

		Q337-341	Q342-351
Bauart		D n2T	D n2T
Länge ü. Puffer	mm	10.340	10.340
Höchstgeschwindigkeit v/r	km/h	30	30
Zylinderdurchmesser	mm	460	460
Kolbenhub	mm	610	610
Treib- und Kuppelraddurchmesser	mm	1.252	1.252
Kesselüberdruck	kp/cm^2	12 atm	12 atm
Rostfläche	m^2	1,81	1,79
Verdampfungsheizfläche	m^2	106,75	101,65
Brennstoffvorrat	t	2,0	2,5
Wasserkasteninhalt	m^3	6,0	6,0
Leistung	PS	500	500

Die Baureihe Q entstand als einzige Dampfloktype der Dänischen Staatsbahn (DSB) vom Entwurf bis zum Bau vollständig in Dänemark. Die D-gekuppelte Tenderlok mit zwei Nassdampfzylindern sollte im schweren Rangierdienst eingesetzt werden. Bei der Entwicklung übernahm A/S Frichs den Kessel und den Zylinderblock der Reihe D II sowie das Treibradmaß der Reihe F. Zur Erleichterung des Rangierbetriebs verfügte die Reihe Q über Steuervorrichtungen auf beiden Seiten der Führerstände.

Die erste Serie von fünf Lokomotiven beschaffte die DSB ab 1930. Im Jahr 1943 erforderte der stark angewachsene Güterverkehr eine zweite Serie, bei der man leichte Änderungen vornahm: So erhielten die Maschinen der zweiten Serie geschweißte Feuerbüchsen aus Stahl, verringerte Heizflächen, Hülsenpuffer und vergrößerte Kohlekästen.

Die Loks der Reihe Q galten als ausgesprochen zuverlässig und übernahmen Aufgaben, die von den leichteren F-Maschinen nicht mehr bewältigt werden konnten. Sie waren zunächst an den großen Rangierbahnhöfen mit Ablaufberg in Århus, Kopenhagen und Fredericia eingesetzt, fanden sich aber später auch an anderen Orten im schweren Verschiebedienst. Ende der 1960er Jahre begann die Ausmusterung der Reihe Q, 1974 wurde sie endgültig durch Dieselloks der Typen MH und MT abgelöst. Das Danmarks Jernbanemuseum erhält Q 345 und in Deutschland setzt die Arbeitsgemeinschaft Geesthachter Eisenbahn Q 350, die den Spitznamen »Karoline« erhielt, regelmäßig im Museumsbahnverkehr ein.

Seit 1980 befindet sich die Q 350 im Besitz der Arbeitsgemeinschaft Geesthachter Eisenbahn e. V., wo sie als Baureihe »Kuh« liebevoll auf den Namen des bekannten Werbemaskottchens »Karoline« getauft wurde. Das rote Fahrwerk ist nicht original, sondern ein Zugeständnis an deutsche Traditionen.

Britische Kriegslok – die Class 8F
(Großbritannien)

Die Class 8F 48305 wird von der der britischen Museumsbahn »Great Central Railway« für die Nachwelt erhalten (19. November 2021).Im November 1943 wurde die Lok an die London and North Eastern Railway geliefert und von BR im Januar 1968 ausgemustert.

Bauart		**1'Dh2**
Länge ü. Puffer	mm	19.228
Höchstgeschwindigkeit v/r	km/h	k.A.
Zylinderdurchmesser	mm	470
Kolbenhub	mm	711
Treib- und Kuppelraddurchmesser	mm	1.435
Laufraddurchmesser v/h	mm	1.003
Kesselüberdruck	kp/cm²	15,5
Rostfläche	m²	2,65
Verdampfungsheizfläche	m²	153,3
Brennstoffvorrat	t	9,1
Wasserkasteninhalt	m³	18

Anfang der 1930er-Jahre warb die London, *Midland and Scottish Railway* (LMS) den Ingenieur Arthur William Stanier (1876–1965) von der *Great Western Railway* (GWR) ab und ernannte ihn zum *Chief Mechanical Engineer* (CME). Seine wichtigste Aufgabe: Stanier sollte die Probleme des LMS-Fahrzeugparks lösen. Die Gesellschaft besaß eine große Anzahl von C- und D-Kupplern, die für die immer schwerer werdenden Züge zu schwach waren und deshalb häufig in Doppeltraktion verkehren mussten.

Mitte der 1930er-Jahre entwarf Stanier deshalb die Class 8F. Die 1'Dh2-Maschine sollte schwere Güterzüge befördern. Bei der GWR hatte Stanier die 1'D-Maschinen der Class 2800 (erstes Baujahr 1903) kennen gelernt, die der langjährige CME der GWR, George Jackson Churchward (1857–1933), konstruiert hatte. Diese Baureihe nahm sich Stanier beim Entwurf der 8F, die zunächst als Class 7F bezeichnet wurde, zum Vorbild. Bis 1939 beschaffte die LMS 126 Loks.

Eine dramatische Wende in der Geschichte der Class 8F bedeutete der Beginn des Zweiten Weltkriegs, denn die bewährte und zuverlässige Type wurde als Standard-Güterzuglok ausgewählt. So ließ jetzt allein das *War Department* mehr als 200 Lokomotiven bauen, von denen zahlreiche Exemplare bis nach Ägypten, Palästina, und Italien (Gruppe 737) sowie in den Irak und die Türkei (45151 der TCDD) gelangten. Andere britische Privatbahnen erhielten ebenfalls zusammen mehr als 200 Lokomotiven. 1943 entschied man sich schließlich für den Bau einer vereinfachten Version der 8F. Nichtsdestoweniger wurden zwischen 1935 und 1946 insgesamt 852 Exemplare des Vierkupplers gefertigt.

Das Ende der Dampflok-Ära in Großbritannien brachte auch das Aus für die Class 8F: Zwischen 1962 und 1968 stellte British Railways die Maschinen außer Dienst. Dagegen waren in der Türkei einige Exemplare bis in die 1980er-Jahre im Einsatz. Elf Exemplare der Class 8F haben überlebt.

Schwere Lastentiere – die Achsfolge E

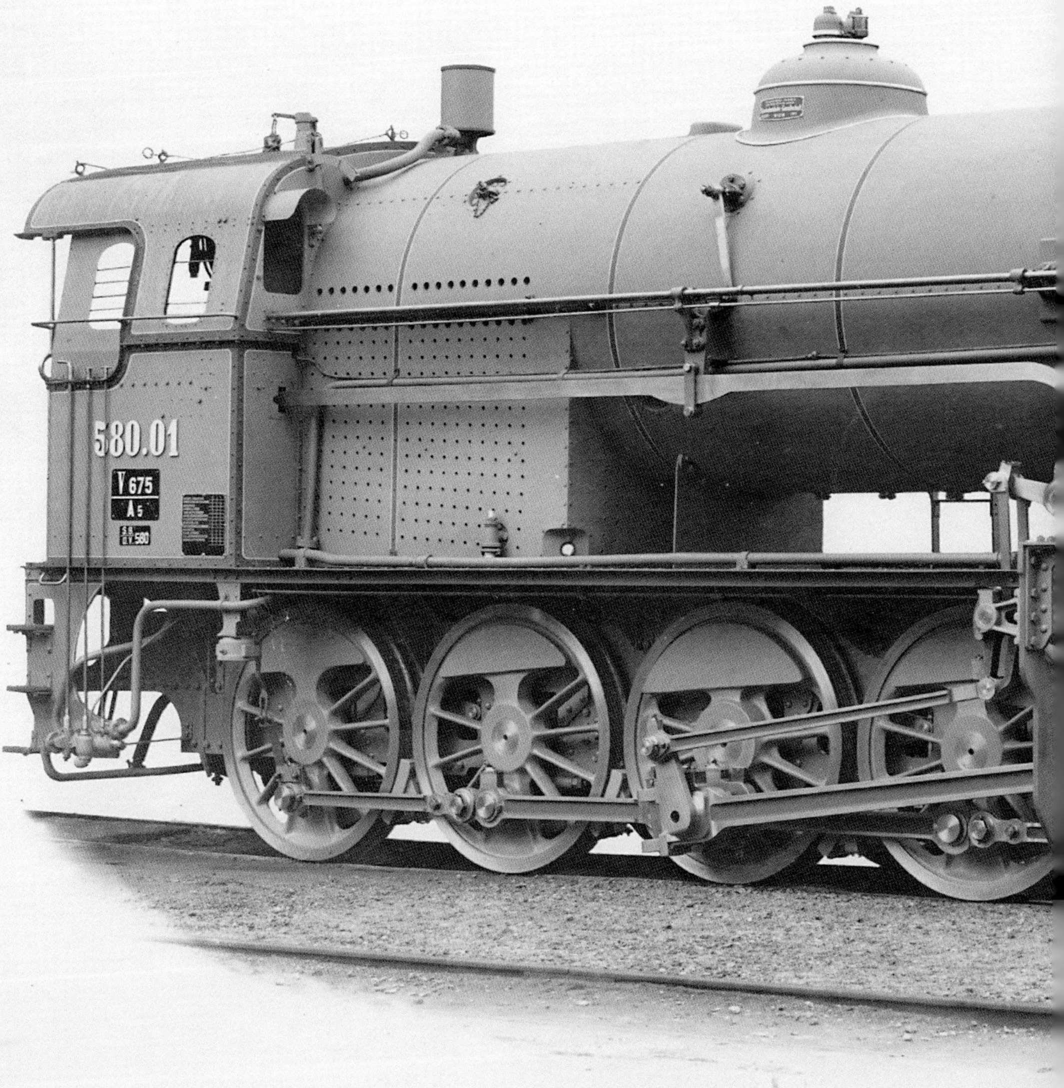

Ohne sie gab es keinen schweren Güterverkehr: Lokomotiven mit fünf Kuppelachsen gelten heute als die typischen Vertreterinnen der Güterzugdampflokomotive. Doch auch diese Loks gelangten immer wieder zu Schnellzug-Ehren, nämlich immer dann, wenn große Steigungen bezwungen werden mussten. In Österreich baute die Südbahn mit der Reihe 580 sogar eine »Gebirgsschnellzuglok«, die schwere D-Züge über den Semmering beförderte.

Der »Jumbo« – die Baureihe 44

Bereits in ihrem ersten Typenplan sah die Deutsche Reichsbahn-Gesellschaft (DRG) die Beschaffung einer schweren 1´E Güterzuglokomotive vor. Unklarheit bestand jedoch darüber, ob die Maschinen ein Zwei- oder ein Dreizylindertriebwerk erhalten sollten. Für den Drilling sprachen das gleichförmigere Drehmoment, der bessere Massenausgleich sowie die geringere Beanspruchung des Rahmens und des Triebwerks. Allerdings war der Drilling in der Beschaffung und in der Unterhaltung teurer. Außerdem verbrauchte er mehr Dampf. Um die Streitfrage endgültig zu klären, ließ die DRG jeweils eine Güterzuglok der Bauart 1´Eh2 und 1´Eh3 entwickeln. Jeweils zehn Maschinen der Baureihe 43 (Zweizylinderlok) und 44 (Dreizylinderlok) wurden 1926/27 in Dienst gestellt.

Neben einer gründlichen messtechnischen Untersuchung durch die Lokomotiv-Versuchsabteilung (LVA) Grunewald wurden die Maschinen auch im Betriebsdienst erprobt. Diesen Vergleich konnte zunächst die Baureihe 43 für sich entscheiden. Für sie sprachen der bessere Wirkungsgrad und die geringeren Beschaffungskosten. Aus diesem Grund gab die DRG weitere 25 Exemplare in Auftrag. Auf die Indienststellung weiterer schwerer Güterzugloks verzichtete die DRG jedoch, da sie die knappen Investitionsmittel Ende der 1920er-Jahre dringender für neue Schnellzug- und Nebenbahnmaschinen benötigte.

Die zehn Prototypen der Baureihe 44 unterschieden sich deutlich von der späteren Serienlieferung. 44 008 wurde 1953 bei der Bundesbahn ausgemustert.

Erst Mitte der 1930er-Jahre wendete sich das Blatt: Mit der Verkürzung der Fahrzeiten im Personenverkehr mussten auch die Geschwindigkeiten im Güterverkehr angehoben werden. Die DRG benötigte nun dringend Maschinen mit 80 km/h Höchstgeschwindigkeit. Jetzt erlebte die Baureihe 44 ein Comeback, da eine Beschaffung der Baureihe 43 nun ausschied. Inzwischen hatte sich nämlich gezeigt, dass das Zweizylindertriebwerk langfristig mit höheren Unterhaltungskosten für Triebwerk und Rahmen zu Buche schlug. Außerdem eignete sich der Drilling zum Schleppen schwerer Lasten im oberen Geschwindigkeitsbereich besser. Gleichwohl wurden die alten Zeichnungen noch einmal überarbeitet. 1937 stellte die Reichsbahn schließlich die so genannte Zwischenausführung (44 013–44 065) in Dienst. Danach begann die Serienlieferung. Während des Zweiten Weltkrieges nahm der Bedarf an leistungsstarken Güterzugloks deutlich zu. Um in kürzerer Zeit höhere Stückzahlen zu erzielen, wurden die Maschinen schrittweise vereinfacht. Bis 1944 wurden insgesamt 1.753 Exemplare der Baureihe 44 geliefert. Aus bereits vorhandenen Baugruppen fertigte der VEB Lokomotivbau-Elektrotechnische Werke (LEW) »Hans Beimler« 1949 noch einmal zehn Maschinen.

Die Deutsche Bundesbahn (DB) übernahm insgesamt 1.242 Exemplare, die über Jahrzehnte hinweg das Rückgrat im schweren Güterzugdienst bildeten. Um den Heizer von seiner schweren körperlichen Arbeit zu entlasten, ließ die DB 36 Maschinen mit einer Ölhauptfeuerung ausrüsten. Erst in

Die Bundesbahn rüstete 36 Maschinen mit einer Ölhauptfeuerung aus. Dazu gehörte auch 043 326-8 (ex 44 326).

Bauart		1'E h3
Betriebsgattung		G 56.20
Länge über Puffer (Tender 2'2' T 34)	mm	22.620
Höchstgeschwindigkeit v/r	km/h	80/50
Zylinderdurchmesser	mm	550
Kolbenhub	mm	660
Treib- und Kuppelraddurchmesser	mm	1.400
Laufraddurchmesser v	mm	850
Kesselüberdruck	kp/cm²	16
Rostfläche	m²	4,7
Verdampfungsheizfläche	m²	238,0
Brennstoffvorrat	t	10
Wasserkasteninhalt	m³	34
indizierte Leistung	PS	1.910

Zwischen 1961 und 1962 erhielten 97 DR-44er eine Ölhauptfeuerung, so auch 44 0687-2 (ex 44 687).

der zweiten Hälfte der 1960er-Jahre zeichnete sich das Ende der als »Jumbo« bekannten Baureihe 44 ab. Am 23. Mai 1977 schied die letzte Kohle-44er der DB aus. Die ölgefeuerte 44 903 beendete am 26. Oktober 1977 die Dampflokzeit in der Bundesrepublik.

Die Deutsche Reichsbahn (DR) in der DDR konnte zu diesem Zeitpunkt noch nicht auf ihre 44er verzichten. Nach dem Zweiten Weltkrieg waren der DR 335 Exemplare verblieben. Die letzten kohlegefeuerten 44er schieden 1972 aus dem Betriebsdienst aus. Zwischen 1951 und 1957 wurden 22 Loks mit einer Kohlenstaubfeuerung der Bauart Wendler ausgerüstet. 1975 wurde die letzte Kohlenstaub-44er abgestellt. Eine Ölhauptfeuerung erhielten hingegen 97 Loks. Die Energiekrise Anfang der 1980er-Jahre beendete abrupt den Einsatz der Ölloks, die im April 1982 abgestellt wurden. Die meisten von Ihnen wurden jedoch als Heizloks wieder auf Kohlefeuerung zurückgebaut, sodass einschließlich der DB-Maschinen rund 50 »Jumbos« erhalten blieben.

Allgegenwärtig – die Baureihe 50

50 008 gehörte zu den zwölf Baumustern, die 1939 in Dienst gestellt wurden. Die Lok verblieb bei der Bundesbahn, wo sie 1968 ausgemustert wurde.

Bauart		1´Eh2
Betriebsgattung		G 56.15
Länge über Puffer (Tender 2´2´T26)	mm	22.940
Höchstgeschwindigkeit v/r	km/h	80/50
Zylinderdurchmesser	mm	600
Kolbenhub	mm	660
Treib- und Kuppelraddurchmesser	mm	1.400
Laufraddurchmesser v	mm	850
Kesselüberdruck	kp/cm²	16
Rostfläche	m²	3,9
Verdampfungsheizfläche	m²	177,6
Brennstoffvorrat	t	8
Wasserkasteninhalt	m³	26
Leistung	PS	1.625

Mitte der 1930er-Jahre benötigte die Deutsche Reichsbahn eine leistungsstarke Dampflok für den schweren Güterzugdienst auf Nebenbahnen. Die Reichsbahn forderte daher eine robuste, pflegeleichte Maschine mit einer Achsfahrmasse von 15 t. Nach langwierigen Diskussionen entschied sich die Reichsbahn 1937 zur Beschaffung einer 1´Eh2-Schlepptenderlok. Die ersten zehn Maschinen lieferte die Firma Henschel & Sohn schließlich 1939. Bei den anschließenden Messfahrten des Lokomotiv-Versuchsamtes (LVA) Grunewald glänzte die Baureihe 50 durch ihre Leistung und ihren gelungenen Kessel. Auch die Laufeigenschaften waren für einen Fünfkuppler ausgesprochen gut. Dank ihrer geringen Achsfahrmasse und ihrer Höchstgeschwindigkeit wurde aus der ursprünglichen Nebenbahnmaschine eine echte Universallok, deren Serienfertigung noch 1939 begann.

Mit dem Beginn des Zweiten Weltkrieges nahm der Bedarf an leistungsfähigen Güterzugloks bei der Reichsbahn deutlich zu, sodass die Zahl der Maschinen ständig wuchs. Um die Anzahl gebauter Lokomotiven deutlich zu erhöhen, wurde die Baureihe 50 immer weiter vereinfacht. Beispielsweise entfielen die großen Windleitbleche, die Umlaufschürzen, die Läutewerke und die Seitenfenster im Führerhaus. Ab 1943 ging die Fertigung der Baureihe 50 schrittweise in die der Kriegsloks der Baureihe 52 (siehe Seite 113) über. Bis 1948 wurden insgesamt 3.164 Maschinen der Baureihe 50 gebaut.

Die Deutsche Bundesbahn (DB) verblieben über 2.500 Loks nach dem Zweiten Weltkrieg. Die DB und auch die Deutsche Reichsbahn (DR) in der DDR, die 335 Maschinen übernahm, konnten über Jahrzehnte hinweg nicht auf die Universallok verzichten. Auf fast allen Strecken waren die unverwüstlichen und bei den Personalen beliebten Maschinen anzutreffen. Die DR rüstete im Rahmen ihres Reko-Programms von 1957 bis 1962 insgesamt 208 Loks mit einem modernen Verbrennungskammer-Kessel aus (Baureihe 50^{35}). Bei der DB hatten die letzten 50er erst 1976 ausgedient. In der DDR quittierte die 50 3145 als letzte ihrer Gattung im Herbst 1987 den Dienst.

Die deutsche Kriegsdampflok – Baureihe 52

Die Baureihe 52 ging als die meist gebaute deutsche Dampflokomotive in die Eisenbahngeschichte ein. Mit dem Überfall der deutschen Wehrmacht auf die Sowjetunion im Sommer 1941 und dem schnellen Vormarsch der deutschen Einheiten stieg der Bedarf an einer leichten, pflegearmen und leistungsfähigen Güterzugmaschine sprunghaft an. Die Transporte über die großen Entfernungen in den besetzten sowjetischen Gebieten konnten nur mit der Eisenbahn bewältigt werden. Um den Bedarf an Loks zu decken, wurden ab 1941 nur noch die Baureihen 44, 50 und 86 gebaut. Zwar wurden die Maschinen schrittweise vereinfacht, der große Bedarf an Loks konnte jedoch damit kaum gedeckt werden. Bereits 1941 forderten die Militärs die Entwicklung einer brauchbaren Kriegsdampflok, die auch den Anforderungen des harten Winterbetriebes in der Sowjetunion gewachsen war. Als Grundlage für die als Baureihe 52 bezeichnete Kriegsdampflok diente die Baureihe 50 (siehe Seite 112). Beide Typen stimmten in ihren Hauptabmessungen überein. Typisch für die 52er waren aber der Blechrahmen, das geschlossene Führerhaus, die vereinfachten Stangen und der Wannentender. Die Wiener Lokomotivfabrik Floridsdorf fertigte als Alternative einen vierachsigen Steifrahmentender.

Die Firma Borsig stellte 1942 das Baumuster 52 001 fertig. Die Serienfertigung lief 1943 an; über 6.000 Maschinen wurden bis 1951 hergestellt.

Bauart		**1'Eh2**
Betriebsgattung		G 56.15
Länge über Puffer (Tender 2'2'T 30)	mm	22.975
Höchstgeschwindigkeit v/r	km/h	80[1)]/50
Zylinderdurchmesser	mm	600
Kolbenhub	mm	660
Treib- und Kuppelraddurchmesser	mm	1.400
Laufraddurchmesser v	mm	850
Kesselüberdruck	kp/cm^2	16
Rostfläche	m^2	3,9
Verdampfungsheizfläche	m^2	177,6
Brennstoffvorrat	t	10
Wasserkasteninhalt	m^3	30
Leistung	PS	1.620

Anmerkung: 1) nur für Loks mit Achstellkeilen, sonst nur 70 km/h

Die Deutsche Bundesbahn (DB) übernahm über 900 Maschinen. Da die DB aber genügend 50er hatte, konnte sie bereits 1950 mit der Ausmusterung der Kriegsloks beginnen. 1954 wurden die letzten aus dem Bestand gestrichen. Anders die Deutsche Reichsbahn (DR) in der DDR. Ihr standen ab Mitte der 1950er-Jahre noch rund 700 Loks zur Verfügung. Die 52er bewältigten jahrelang einen erheblichen Teil des Güterzugdienstes in der DDR. 200 Maschinen modernisierte die DR zwischen 1960 und 1966 im Rahmen ihres Reko-Programms (Baureihe 52^{80}). Erst 1986 wurden die letzten Altbau-52er in der DDR abgestellt.

Typisch für die Kriegsloks der Baureihe 52 war der Wannentender. Ab 1944 wurden die Maschinen mit kleinen Witte-Windleitblechen ausgerüstet.

Die »Bergkönigin« – die Baureihe 95⁰ (ex preußische T 20)

Bereits um das Jahr 1910 benötigte die Preußische Staatsbahn für den Einsatz als Zug- und Schiebelok auf ihren Strecken im Mittelgebirge eine leistungsstarke Tenderlokomotive. Deren Entwicklung verzögerte sich jedoch aufgrund des Ersten Weltkrieges immer wieder. Erst nach Kriegsende griff die Preußische Staatsbahn das Thema wieder auf und gab bei der Firma Borsig die Entwicklung einer schweren 1´E1´h2-Tenderlok in Auftrag. Bei der Konstruktion der als T 20 bezeichneten Type griffen die Ingenieure von Borsig auf die Erfahrungen zurück, die sie mit den vier 1´E1´h2t-Maschinen der TIERKLASSE der Halberstadt-Blankenburger Eisenbahn (HBE; siehe Seite 118 f.) gesammelt hatten. Mit der T 20 endete die Entwicklung von Tenderloks bei der Preußischen Staatsbahn. Typische Baumerkmale der T 20 waren der solide Barrenrahmen und der Belpaire-Stehkessel. Am 26. Januar 1923 lieferte Borsig schließlich die erste T 20 ab. Bis Ende März folgten die anderen neun Baumuster.

Die Lokomotiv-Versuchsabteilung (LVA) Grunewald unterzog die Maschinen umgehend ausführlichen messtechnischen Untersuchungen. Dabei wurde nicht nur die Leistung und das Laufverhalten der T 20 geprüft. Breiten Raum nahm auch die Erprobung der Riggenbach-Gegendruckbremse ein. Bei den Versuchen des LVA erwies sich die T 20 als eine vorzügliche Konstruktion. Dabei zeigte sich, dass die T 20 auch der deutlich größeren bayerischen Gt 2 x4/4 (Baureihe 96⁰; siehe Seite 136) ebenbürtig war. In Anbetracht ihres einfacheren Triebwerks war die T 20 deutlich wirtschaftlicher als die bayerische Malletmaschine. Allerdings war die T 20 mit einer Achsfahrmasse von 19 t für den zunächst erwogenen Einsatz auf den preußischen Zahnradbahnen zu schwer. Sie blieb damit eine Hauptbahn-Maschine, von der die Deutsche Reichsbahn-Gesellschaft (DRG) 1925 insgesamt 45 Exemplare zur Baureihe 95⁰ umzeichnete. Wichtigste Einsatzgebiete der Maschinen waren der Thüringer Wald und der Spessart, was ihr den Beinamen »Bergkönigin« einbrachte.

Nach dem Zweiten Weltkrieg führte die Deutsche Bundesbahn (DB) noch 14 Maschinen in ihren Unterlagen. Diese waren im Bahnbetriebswerk (Bw) Aschaffenburg stationiert und erledigten die Schiebedienste im Spessart. Nach der Elektrifizierung der Strecke Nürnberg–Aschaffenburg hatten die 95er ausgedient. Die letzten Loks wurden 1958 ausgemustert. Der Deutschen Reichsbahn (DR) in der DDR verblieben 31 Maschinen, die ab 1950 in Blankenburg und in Probstzella stationiert waren. Das Bw Blankenburg setzte seine 95er

95 036 wurde am 13. Juni 1936 vor dem Lokschuppen ihres Heimat-Bw Probstzella abgelichtet.

Kurz vor ihrer Auslieferung am 13. März 1924 wurde 95 044 vom Werkfotografen der Hanomag in Hannover-Linden abgelichtet.

Bauart		**1'E 1'h2t**
Betriebsgattung		Gt 57.19
Länge über Puffer	mm	15.100
Höchstgeschwindigkeit v/r	km/h	65/65
Zylinderdurchmesser	mm	700
Kolbenhub	mm	660
Treib- und Kuppelraddurchmesser	mm	1.400
Laufraddurchmesser v/h	mm	850/850
Kesselüberdruck	kp/cm^2	14
Rostfläche	m^2	4,36
Verdampfungsheizfläche	m^2	198,8
Brennstoffvorrat	t	4,0
Wasserkasteninhalt	m^3	12
Leistung	PS	1.620

ausschließlich im schweren Güterzugdienst auf der Steilstrecke nach Rübeland ein. Nach der Elektrifizierung der Rübelandbahn wurden die 95er in Probstzella konzentriert. Ab 1966 ließ die DR insgesamt 24 Maschinen mit einer Ölhauptfeuerung ausrüsten.

Haupteinsatzgebiete der Öl-95er waren nun die Strecken Saalfeld–Probstzella–Sonneberg und Sonneberg–Eisfeld. Ende der 1970er-Jahre hatten die »Bergköniginen« jedoch ihre Nutzungsgrenze erreicht. 50 Jahre schwerer Gebirgsdienst hatten ihre Spuren hinterlassen – die Triebwerke und Rahmen der Loks waren weitgehend verschlissen. Im Februar 1981 endete schließlich der Einsatz der Baureihe 95^0, von der fünf Exemplare erhalten geblieben sind.

Die DR rüstete insgesamt 24 Maschinen der Baureihe 95 mit einer Ölhauptfeuerung aus. Die ölgefeuerte 95 0022-4 (ex 95 022) verließ am 15. September 1978 mit einem Bauzug den Bahnhof Saalfeld.

Der »Harzbulle« – die Baureihe 99^{23-24}

Anfang der 1950er-Jahre fehlten der Deutschen Reichsbahn (DR) in der DDR leistungsfähige Schmalspur-Dampfloks. Besonders prekär war die Situation auf den meterspurigen Strecken Eisfeld–Schönbrunn sowie der Harzquer- und Brockenbahn (Nordhausen Nord–Wernigerode, Drei Annen Hohne–Brocken). Um hier Abhilfe zu schaffen, beauftragte die DR 1950 den VEB Lokomotivbau »Karl Marx« Babelsberg (LKM) mit der Entwicklung einer 1´E1´h2-Tenderlok. Bereits am 19. März 1951 lag der erste Entwurf für die Baureihe 99^{23-24} vor. Typisch für die Maschinen waren der geschweißte Blechrahmen, der für die Verfeuerung von Braunkohle ausgelegte Kessel, die Mischvorwärmer-Anlage und die großzügig bemessenen Vorräte. Am 5. Mai 1954 gab die DR schließlich die ersten sieben Maschinen in Auftrag.

Bauart		1´E1´h2t
Betriebsgattung		K 57.10
Länge über Puffer	mm	11.730
Höchstgeschwindigkeit v/r	km/h	40/40
Zylinderdurchmesser	mm	500
Kolbenhub	mm	500
Treib- und Kuppelraddurchmesser	mm	1.000
Laufraddurchmesser v/h	mm	550/550
Kesselüberdruck	kp/cm²	14
Rostfläche	m²	2,8
Verdampfungsheizfläche	m²	95,5
Brennstoffvorrat	t	4,0
Wasserkasteninhalt	m³	8,0
Leistung	PS	700

Insgesamt zehn betriebsfähige Maschinen der Baureihe 99^{23-24} hält die HSB für den Einsatz auf den Schmalspurbahnen im Harz vor. 99 7231-6 (ex 99 231) wartete am 9. März 1991 in Wernigerode auf ihren nächsten Einsatz.

Am 26. Januar 1955 traf 99 232 als erstes Exemplar ihrer Gattung im Harz ein. Allerdings war die Ernüchterung groß, denn das Laufwerk der Maschine war für die Streckenführung im Harz ungeeignet. Erst nach umfangreichen Änderungen konnten die Probleme behoben werden.

Bis 1957 stellte die DR schließlich 17 Exemplare der Baureihe 99^{23-24} in Dienst, von denen 99 231, 99 235, 99 236 und 99 237 dem Lokbahnhof Eisfeld des Bahnbetriebswerks (Bw) Meiningen zugewiesen wurden. Die anderen Maschinen kamen alle zum Bw Wernigerode Westerntor. Nach der Stilllegung der Schmalspurbahn Eisfeld–Schönbrunn im Jahr 1973 wurden auch die anderen vier Loks in den Harz umgesetzt. Als einzige Schmalspurlok der DR wurde die Baureihe 99^{23-24} messtechnisch untersucht. Dabei wurde eine effektive Leistung von 585 PS ermittelt. Damit ist die Baureihe 99^{23-24} die stärkste deutsche Schmalspur-Dampflok.

Seit 1993 gehören alle 17 Maschinen der Harzer Schmalspurbahnen GmbH (HSB). Diese hält derzeit zehn Loks betriebsfähig vor und wickelt mit ihnen den größten Teil des Betriebsdienstes auf der Harzquer- und Brockenbahn ab.

Kleinbahn-Herkules – Lok 201–206 (ELNA)

Nach dem Ersten Weltkrieg war der Fahrzeugpark der meisten Klein- und Privatbahnen in einem desolaten Zustand. Die Unternehmen benötigten dringend neue Maschinen. Doch im Hinblick auf eine Verringerung der Beschaffungs- und Instandhaltungskosten waren genormte und typisierte Loks gewünscht. Der im Frühjahr 1919 gegründete Engere Lokomotiv-Normen-Ausschuss (ELNA) schuf dieses Typenprogramm. Das Baukastensystem basierte auf drei Tenderloks mit den Achsfolgen C, 1´C und D in Nass- und Heißdampfausführung. Durch verschiedene Modifizierungen konnten so insgesamt 16 verschiedene Typen angeboten werden. Typisch für diese ELNA-Loks waren der hochliegende Kessel und der zwischen den Rahmenwangen angeordnete Wasserkasten.

Auch die Kassel-Naumburger Eisenbahn AG (KN) benötigte Anfang der 1920er-Jahre neue Dampfloks. Doch für die steigungsreiche 33,4 km lange Kleinbahn waren selbst die angebotenen Vierkuppler des ELNA-Typs 6 zu schwach. Aus diesem Grund beauftragte die KN die Lokomotivfabrik Krauss mit der Entwicklung einer Eh2-Tenderlok, die auf den ELNA-Maschinen basieren sollte. Im Herbst 1925 stellte die KN schließlich drei Fünfkuppler in Dienst. Die Maschinen entsprachen nicht nur optisch den ELNA-Loks, sondern besaßen auch zahlreiche Baugruppen von ihnen. Die Eh2-Tenderloks erfüllten das geforderte Leistungsprogramm spielend, sodass die KN 1926, 1938 und 1941 jeweils eine weitere Lok beschaffte. Die Maschinen wickelten über viele Jahre hinweg den Personen- und Güterverkehr auf der Strecke Kassel-Wilhelmshöhe–Naumburg ab. Erst mit der Indienststellung moderner Triebwagen und Dieselloks ab Ende der 1950er-Jahre konnte die KN schrittweise auf die Fünfkuppler verzichten. Die Lok 206 war ab 1967 die letzte Dampflok auf der KN. Im März 1970 wurde sie abgestellt. Der Weg zum Schrottplatz blieb ihr erspart. Seit 1985 setzt der Verein »Hessencourier« die Lok für Dampfsonderfahrten auf der ehemaligen KN ein.

Bauart		**Eh2t**
Länge über Puffer	mm	11.350
Höchstgeschwindigkeit v/r	km/h	45/45
Zylinderdurchmesser	mm	500
Kolbenhub	mm	550
Treib- und Kuppelraddurchmesser	mm	1.100
Kesselüberdruck	kp/cm^2	13
Rostfläche	m^2	2,0
Verdampfungsheizfläche	m^2	158,0
Brennstoffvorrat	t	2,1
Wasserkasteninhalt	m^3	6,0

Die Lok 206 blieb als einzige ihrer Gattung erhalten. Der Verein »Hessencourier e.V.« setzt die Maschine bei Nostalgiefahrten auf der Strecke Kassel-Wilhelmshöhe–Naumburg ein.

Bahnbrechend – die TIERKLASSE
(Baureihe 95[66])

Die 95 6676, alias MAMMUT, wird seit 1997 von Mitgliedern des »Fördervereins Rübelandbahn e.V.« im Lokschuppen von Rübeland betreut.

Die Halberstadt-Blankenburger Eisenbahn-Gesellschaft (HBE) gehörte zu den innovativsten und wirtschaftlichsten deutschen Eisenbahnunternehmen. Maßgeblichen Anteil daran hatte die zwischen 1885 und 1886 in Betrieb genommen Steilstrecke Blankenburg (Harz)–Rübeland–Tanne. Für die im Volksmund als »Harzbahn« bezeichnete Strecke entwickelte der Schweizer Ingenieur Roman Abt (1850–1933) die nach ihm benannte kombinierte Adhäsions-Zahnradbahn. Bereits Anfang des 20. Jahrhunderts hatte die Zahnradbahn der HBE ihre Leistungsgrenze erreicht. Um die Zuglasten zu steigern und damit die Kapazität der Strecke zu erhöhen, beschloss die HBE als erste deutsche Eisenbahn, die Einführung einer durchgehenden Luftbremse. Damit konnte ab 1910 die betriebliche Situation verbessert werden.

Doch mit dem Beginn des Ersten Weltkrieges nahm das Frachtaufkommen auf der »Harzbahn« deutlich zu. Gleichzeitig waren die technischen Möglichkeiten des aufwändigen Adhäsions-Zahnradbahn-Betriebes erschöpft, zumal die Schadanfälligkeit der komplizierten Dampfloks erheblich zunahm und die Betriebsausgaben immer weiter anstiegen. Der Direktor der HBE, Regierungsbaumeister a. D. Otto Steinhoff (1873–1931), entschloss sich daher 1916 zu einem wagemutigen Schritt. Er wollte die Zahnradloks auf der »Harzbahn« durch speziell für den Steilstreckendienst entwickelte Maschinen für den reinen Adhäsionsbetrieb ersetzen. Dazu beauftragte er im Oktober 1916 die Firma Borsig mit der Konstruktion einer schweren 1´E1´h2-Tenderlok – ein Novum in Deutschland. Allerdings gab es hinsichtlich der Zugkraft und der Bremsleistung zunächst Zweifel. Diese konnte Steinhoff jedoch durch Versuchsfahrten mit verschiedenen Tenderloks entkräften, sodass 1918 der Weg für die als TIERKLASSE bezeichneten 1´E1´h2t-Maschinen frei war. Allerdings verzögerte sich die Fertigstellung der beiden Dampfloks immer wieder. Erst am 21. Februar 1920 traf die MAMMUT als erstes Exemplar in Blankenburg ein. Am 4. März 1920 schlug dann die Stunde der Wahrheit: Die MAMMUT musste mit einem 200 t schweren Zug die Steilstrecke hinauf nach Rübeland bezwingen – und dies tat sie mit Bravour. Damit hatte Otto Steinhoff ein neues Kapitel in der deutschen Eisenbahn-Geschichte aufgeschlagen. In der Fachwelt sorgte dies für Aufsehen. Das Reichsverkehrministerium (RVM) beauftragte sogar die Lokomotiv-Versuchsabteilung (LVA) Grunewald mit der messtechnischen Untersuchung der TIERKLASSE.

Bis 1921 stellte die HBE insgesamt vier Maschinen der TIERKLASSE in Dienst. Diese wickelten fortan den größten Teil des Personen- und Güterverkehrs auf der Strecke Blankenburg–Tanne ab. In den folgenden Jahren beschaffte die HBE aufbauend auf den Erfahrungen mit der TIERKLASSE weitere 1´C1´h2-, Dh2- und 1´D´1 h2-Tenderloks für den Steilstreckendienst.

Auch nach der Übernahme der HBE durch die Deutsche Reichsbahn (DR) im Frühjahr 1949 blieb die TIERKLASSE, die ab 1950 als Baureihe 95^{66} geführt wurde, dem Harz treu. Der schwerste Unfall in der Geschichte der Maschinen ereignete sich im Frühjahr 1951, als durch menschliches Versagen am 4. Mai 1951 der Kessel der 95 6679 im Anheizschuppen des Reichsbahnausbesserungswerkes (Raw) Meiningen explodierte.

Erst mit der Aufnahme des elektrischen Zugbetriebes auf der Strecke Blankenburg (Harz)–Rübeland–Elbingerode am 1. Dezember 1965 hatte die TIERKLASSE ausgedient.

Bauart		**1´E 1´h2t**
Betriebsgattung		Gt 57.16
Länge über Puffer	mm	12.450
Höchstgeschwindigkeit v/r	km/h	50/50
Zylinderdurchmesser	mm	700
Kolbenhub	mm	550
Treib- und Kuppelraddurchmesser	mm	1.100
Laufraddurchmesser v/h	mm	850/850
Kesselüberdruck	kp/cm^2	14
Rostfläche	m^2	3,96
Verdampfungsheizfläche	m^2	180,86
Brennstoffvorrat	t	3,0
Wasserkasteninhalt	m^3	8,0

Als letzte ihrer Baureihe wurde 1968 die 95 6676, alias MAMMUT, abgestellt. Dank der Weitsicht der DR blieb die technik-historisch wertvolle Lok erhalten. Ab 1972 gehörte sie zum Fundus des Verkehrsmuseums Dresden. Seit 1997 wird die Lok von Eisenbahnfreunden in Rübeland betreut.

Bevor die MAMMUT 1920 an die HBE ausgeliefert wurde, verewigte der Werksfotograf der Firma Borsig die imposante Maschine.

Weiterentwicklung – die Reihe 80, 80.900 (ÖBB-Reihen 57, 157)

Die Reihe 80 wurde ab 1909 in großer Stückzahl gebaut. Lediglich 213 Maschinen verblieben nach dem Ersten Weltkrieg in Österreich, wo die letzten Exemplare 1968 ausgemustert wurden.

		Reihe 80	Reihe 80.900
Bauart		Eh2v	Eh2
Länge über Puffer (Tender Reihe 156)	mm	17.280	17.280
Höchstgeschwindigkeit v/r	km/h	50/50	50/50
Zylinderdurchmesser HD/ND	mm	590/850	590
Kolbenhub	mm	632	632
Treib- und Kuppelraddurchmesser	mm	1.298	1.298
Kesselüberdruck	kp/cm^2	14	14
Rostfläche	m^2	3,42	3,42
Verdampfungsheizfläche	m^2	136,5	136,5
Brennstoffvorrat	t	6,8	6,8
Wasserkasteninhalt	m^3	16,0	16,0

Bereits Ende des 19. Jahrhunderts genügten die bei den kaiserlich-königlichen österreichischen Staatsbahnen (kkStB) eingesetzten Vierkuppler im schweren Güterverkehr nicht mehr den betrieblichen Belangen. Der Leiter des Konstruktionsbüros der kkStB, Karl Gölsdorf (1861–1916), plante daher die Beschaffung einer fünffachgekuppelten Maschine. Größtes Problem war jedoch deren Bogenlauf. Richard von Helmholtz (1852–1934) untersuchte seit Mitte der 1880er-Jahre den Bogenlauf von Schienenfahrzeugen. Auf der Grundlage dieser Untersuchungen entwarf Gölsdorf eine seitenverschiebbare Kuppelachse, die erstmals bei der Reihe 170 (siehe Seite 88) erfolgreich verwendet wurde. Nach diesem Erfolg entwickelte Karl Gölsdorf in Zusammenarbeit mit der Wiener Lokomotivfabrik Floridsdorf die erste fünffach gekuppelte Güterzuglok Europas – die Reihe 180, deren Baumuster im Jahr 1900 in Dienst gestellt wurde. Bereits 1901 begann die Serienlieferung der En2v-Maschinen. Bis 1908 beschafften die kkStB 181 Exemplare der Reihe 180.

Zu diesem Zeitpunkt überarbeiteten Gölsdorf die Reihe 180 grundlegend. Entsprechend dem technischen Fortschritt erhielten die Maschinen einen Überhitzer. Das Zweizylinder-Verbundtriebwerk blieb erhalten. Die neue, als Reihe 80 bezeichnete Type wurde erstmals 1909 gebaut. Allerdings schlugen die Verbundloks in der Praxis mit relativ hohen Unterhaltungskosten zu Buche, sodass Gölsdorf noch eine einfachere Zweizylinder-Variante konstruierte – die Reihe 80.900. Die ab 1911 produzierte Type war nicht nur billiger in der Beschaffung und der Wartung, sie erwies sich auch als deutlich leistungsstärker als die Reihe 80. In der Ebene übertraf die Reihe 80.900 ihre Verbund-Schwester in der Zugkraft um bis zu 30 %. Aus diesem Grund beschafften die kkStB nun bevorzugt die Reihe 80.900. Die mit Lentz-Ventilsteuerung ausgerüsteten Loks wurden als Reihe 80.600 bezeichnet.

Nach dem Ersten Weltkrieg verblieb nur ein kleiner Teil (213 Loks) der Reihen 80 und 80.900 in Österreich. Über 400 Maschinen gelangten nach Frankreich, Griechenland, Italien, Jugoslawien, Polen, Rumänien und in die Tschechoslowakei. Der Zweite Weltkrieg riss abermals große Lücken in die Bestände. Die Österreichischen Bundesbahnen (ÖBB) führten 1953 nur noch neun Verbundloks (Baureihe 157) und 61 Zweizylinderloks (Baureihe 57) in ihren Listen. Während die 157er bereits 1960 den Dienst quittierten, schied die letzte 57er erst 1968 aus dem Betriebsdienst aus.

Mit Schub über den Semmering – die Reihe 82
(ÖBB-Reihe 95)

Bauart		**1'E1'h2t**
Länge über Puffer	mm	13.500
Höchstgeschwindigkeit v/r	km/h	50/50 1)
Zylinderdurchmesser	mm	590
Kolbenhub	mm	632
Treib- und Kuppelraddurchmesser	mm	1.298
Laufraddurchmesser v/h	mm	870/870
Kesselüberdruck	kp/cm²	14
Rostfläche	m²	3,42
Verdampfungsheizfläche	m²	136,5
Brennstoffvorrat	t	3,46
Wasserkasteninhalt	m³	11,0
Leistung	PS	1.200

Anmerkung: 1) später auf 60 km/h angehoben

Anfang der 1920er-Jahre fehlten den Österreichischen Bundesbahnen (BBÖ) für den schweren Güterzugdienst auf Nebenbahnen eine leistungsfähige Tenderlokomotive. Wichtigstes Kriterium für die neue Type war dabei eine maximale Achsfahrmasse von 14,5 t. Die Entwicklung der benötigten Type übernahm unter der Federführung von Johann Rihosek die Aktiengesellschaft der Lokomotivfabrik Wiener Neustadt (vormals Sigl). Im Hinblick auf möglichst geringe Beschaffungs- und Unterhaltungskosten griff Rihosek auf viele Baugruppen der Reihe 80.900 zurück (Kessel und Triebwerk). Bereits 1922 stellten die BBÖ die ersten 20 Maschinen der Reihe 82 in Dienst. In Sachen Zugkraft und Leistung vermochten die Fünfkuppler zwar zu überzeugen, doch ihr Dampfverbrauch und ihre Laufeigenschaften befriedigten nicht. Das Fahrverhalten konnte aber verbessert und damit die zulässige Höchstgeschwindigkeit auf 60 km/h angehoben werden. Bis 1926 beschafften die BBÖ insgesamt 24 Exemplare der Reihe 82, die zuerst in Hütteldorf, später in Wien Nord und Gloggnitz beheimatetet waren. Die in Wien Nord stationierten 82er erledigten in erster Linie den Güterverkehr auf der kurven- und steigungsreichen Wiener Verbindungsbahn. Die Gloggnitzer 82er übernahmen den Schiebedienst auf dem Semmering.

Die Deutsche Reichsbahn (DRB) reihte die Fünfkuppler 1938 als Baureihe 95[1] in ihren Bestand an. Nach dem Zweiten Weltkrieg verblieben 22 Loks in Österreich, wo sie ab 1953 als Baureihe 95 geführt wurden. Die Österreichischen Bundesbahnen (ÖBB) rüsteten die 95er ab 1956 mit einem Giesl-Ejektor aus, wodurch die wärmewirtschaftlichen Mängel kompensiert und die Leistung um 31 % gesteigert werden konnte. Nach der Elektrifizierung des Semmerings 1959 verteilten die ÖBB die Loks auf die Zugförderungsleitungen Bruck an der Leitha, Sigmundsherberg, Stadlau und Vordernberg. Letzte Heimatdienststellen wurden schließlich Straßhof und Wien Ost. Erst 1967 begann die Ausmusterung der ehemaligen Reihe 82. Als letzte schied 95.113 im Jahr 1972 aus dem Bestand aus. 95.112 blieb für das Technische Museum Wien erhalten.

Für den Einsatz im Schiebedienst wurden einige Loks der Reihe 82 mit einer Gegendruckbremse ausgerüstet. Dazu gehörte auch die spätere 95 112 (ex 82.12), hier im Bw Spittal Millstätter See.

Die Gebirgsschnellzuglok – die Reihe 580
(ÖBB-Reihe 258)

Anfang des 20. Jahrhunderts nahm das Verkehrsaufkommen auf der von der Südbahn-Gesellschaft (SB) betriebenen Brennerstrecke deutlich zu. Die bisher verwendeten Vierkuppler genügten nun nicht mehr den betrieblichen Belangen. Um vor allem die Situation im schweren Schnellzugdienst zu entspannen, stellte die SB 1908 und 1911 jeweils eine 1´En4v-Schlepptenderlok der Reihe 280 der kaiserlich-königlichen österreichischen Staatsbahnen (kkStB) in Dienst. Zwar konnte die SB durch den Einsatz der Reihe 280 kurzfristig die Lage entspannen, langfristig waren die Nassdampfmaschinen mit ihren aufwändigen Verbundtriebwerken jedoch keine Alternative für den schweren Schnellzugdienst. Nach den sehr guten Erfahrungen mit den 2´Ch2-Maschinen der Reihe 209 (siehe Seite 51) entschied sich der Maschinendirektor der SB, Eustach Prossy, auch bei der benötigten Gebirgsschnellzuglok für eine Heißdampfmaschine mit Zweizylindertriebwerk. Das sparte nicht nur Beschaffungs- und Wartungskosten, sondern verringerte auch das Gewicht, was letztlich einen größeren Kessel ermöglichte. In Zusammenarbeit mit der Maschinenfabrik der österreichisch-ungarischen Staats-Eisenbahn-Gesellschaft (StEG) in Wien entwickelte Prossy schließlich die mächtige 1´Eh2-Gebirgsschnellzuglok der Reihe 580.

Als die ersten fünf Exemplare 1912 die Werkhallen verließen, sorgten sie für Aufsehen. Mit ihrem mächtigen Kessel – Innendurchmesser 1.800 mm – und einer Verdampfungsheizfläche von über 190 m² gehörten sie zu den größten österreichischen Dampfloks überhaupt. Entgegen den ursprünglichen Planungen wurden die Maschinen nicht am Brenner, sondern am Semmering eingesetzt. Bereits bei den ersten Probefahrten überzeugten die Boliden durch ihre Leistung. Sie konnten mühelos einen 310 t schweren Schnellzug mit 30 km/h über die 25-Promille-Rampen des Semmerings

Die österreichische Südbahn-Gesellschaft beschaffte bis 1927 insgesamt 27 Maschinen der Reihe 580 für den Schnellzugdienst auf Gebirgsstrecken. Die 1912 gebaute 580.10 (DRB 58 909) wurde 1953 ausgemustert.

Die Fünfkuppler der Reihe 580 waren imposante Erscheinungen. Die DRB reihte die Loks 1938 als Baureihe 58^9 in ihren Bestand ein.

ziehen. Dabei überzeugten die Fünfkuppler durch sehr gute Laufeigenschaften. Bei Probefahrten erreichten die 580er bis zu 92 km/h.

Bis 1917 beschaffte die SB insgesamt 27 Exemplare der Reihe 580, die in den Heizhäusern Mürzzuschlag und Innsbruck stationiert waren. Die Innsbrucker Loks übernahmen den schweren Schnellzugdienst auf den Strecken nach Bozen und Lienz sowie auf der Querverbindung Lienz–Bozen. Nach dem Ersten Weltkrieg verblieben nur 18 Exemplare der Reihe 580 bei den Österreichischen Bundesbahnen (BBÖ), die aber zwischen 1920 und 1922 weitere Exemplare nachbeschaffte. So stieg der Bestand wieder auf 27 Maschinen an, die in Mürzzuschlag konzentriert wurden. Von hier aus waren sie in erster Linie auf den Strecken Wien–Graz und Wien–Knittelfeld im Einsatz. Im Transit-Güterverkehr absolvierten die Loks sogar Langläufe zwischen der tschechoslowakischen und der jugoslawischen Grenze. Nach der Elektrifizierung der Brennerstrecke 1928 machten sich die Boliden auf der Tauernbahn nützlich. Die Reihe 580 galt auf den Gebirgsstrecken als Universallok.

Die Deutsche Reichsbahn (DRB) reihte die Maschinen 1938 als Baureihe 58^9 in ihren Bestand ein. Nach dem Zweiten Weltkrieg waren in der Alpenrepublik noch 23 Maschinen vorhanden, die ab 1953 als Baureihe 258 bezeichnet wurden. Mit dem Beginn der Elektrifizierung ab Mitte der 1950er-Jahre schrumpfte das Einsatzgebiet der bei den Personalen hoch geschätzten 258er zusehends. Die letzten Exemplare kamen auf der Pustertalbahn zwischen Spittal und Silian zum Einsatz, wo 1964 die 258.02 als letzte ausschied. Sie blieb als Schaustück für das Eisenbahnmuseum in Wien erhalten.

Bauart		**1'Eh2**
Länge über Puffer (Tender Reihe 356)	mm	18.102
Höchstgeschwindigkeit v/r	km/h	70/50
Zylinderdurchmesser	mm	610
Kolbenhub	mm	720
Treib- und Kuppelraddurchmesser	mm	1.450
Laufraddurchmesser v	mm	880
Kesselüberdruck	kp/cm²	14
Rostfläche	m²	4,47
Verdampfungsheizfläche	m²	191,8
Brennstoffvorrat	t	6,6
Wasserkasteninhalt	m³	17
Leistung	PS	1.760

Der Lastenschlepper für die Westbahn – Reihen 81 und 81.400 (ÖBB-Reihe 58)

		Reihe 81	Reihe 81.400
Bauart		1´Eh2	1´Eh2
Länge über Puffer (Tender Reihe 156)	mm	18.081	18.081
Höchstgeschwindigkeit v/r	km/h	55/50	55/50
Zylinderdurchmesser	mm	590	590
Kolbenhub	mm	632	632
Treib- und Kuppelraddurchmesser	mm	1.298	1.298
Laufraddurchmesser v	mm	1.034	1.034
Kesselüberdruck	kp/cm^2	15	15
Rostfläche	m^2	4,14	4,14
Verdampfungsheizfläche	m^2	189,5	189,6
Brennstoffvorrat	t	6,8	6,8
Wasserkasteninhalt	m^3	16,0	16,0
Leistung	PS	1540	1.540

Bereits vor dem Ersten Weltkrieg bestand bei den kaiserlich-königlichen österreichischen Staatsbahnen (kkStB) Bedarf an einer neuen leistungsfähigen Güterzugmaschine. Mit der Einführung des 20 t-Güterwagen stiegen vor allem die Lasten im Kohleverkehr auf bis zu 1.600 t an.

Vor diesem Hintergrund begann noch während des Ersten Weltkrieges der Leiter des Konstruktionsbüros der kkStB, Johann Rihosek (1869–1956), der 1916 die Nachfolge von Karl Gölsdorf angetreten hatte, mit der Entwicklung einer 1´Eh2-Maschine, der Reihe 81. Da die Produktionskapazitäten des österreichischen Lokomotivbaus während des Ersten Weltkrieges ausgeschöpft waren, konnte erst 1919 mit dem Bau des Prototypen begonnen werden. Die 81.01 stand ab Mai 1919 für Probefahrten zur Verfügung. Nach Abschluss der Tests, bei denen eine Spitzenleistung von bis zu 1.700 PS ermittelt wurde, überarbeitete Rihosek die Pläne. 1922 begann schließlich die Serienfertigung.

Bis 1924 stellten die Österreichischen Bundesbahnen (BBÖ) 55 Exemplare der Reihe 81 in Dienst. Die mit Lentz-Ventilsteuerung ausgerüsteten Maschinen wurden als Reihe 81.400 in den Fahrzeugpark eingereiht. Die BBÖ setzten die Reihen 81 und 81.400 in erster Linie im schweren Güterzugdienst auf den Alpenbahnen, im Gesäuse und auf der Westbahn ein. Vor allem auf der Westbahn war sie in den 1920er- und 1930er-Jahren die Güterzuglok schlechthin.

Die Deutsche Reichsbahn (DRB) übernahm die 73 Maschinen der Reihen 81 und 81.400 als Baureihe 58^7 in ihren Bestand. Während des Zweiten Weltkrieges gelangten zahlreiche Loks nach Böhmen, Schlesien und Jugoslawien. Nach Kriegsende verblieben in der Alpenrepublik 53 Maschinen, von denen aber 1953 nur noch 29 als Baureihe 58 zum Betriebspark der Österreichischen Bundesbahnen (ÖBB) gehörten. Binnen weniger Jahre ersetzten die ÖBB die 58er durch die Kriegsloks der Baureihe 52 (siehe Seite 113). Bereits 1961 wurden 58.44 und 81.408 als letzte ihrer Gattung ausgemustert.

Die Österreichischen Bundesbahnen (BBÖ) beschafften die Reihen 81 und 81.400 für den schweren Güterzugdienst. Die letzten Exemplare dieser Type wurden 1961 ausgemustert.

Aufbauhilfe – die Reihen Ty 246 und Ty 51
(Polen)

		Ty 246	Ty 51
Bauart		1´Eh2	1´Eh2
Länge über Puffer	mm	23.950 [1)]	23.025 [2)]
Höchstgeschwindigkeit v/r	km/h	80/50	80/50
Zylinderdurchmesser	mm	635	630
Kolbenhub	mm	698	700
Treib- und Kuppelraddurchmesser	mm	1.450	1.450
Laufraddurchmesser v	mm	860	850
Kesselüberdruck	kp/cm²	16	16
Rostfläche	m²	6.30	6,3
Verdampfungsheizfläche	m²	255,00	241,96
Brennstoffvorrat	t	14	20,5
Wasserkasteninhalt	m³	32	27
Leistung	PS	?	2.160

Anmerkungen: 1) mit Tender 32 D 46
2) mit Tender der Reihe 27 D 51 (mit Stoker)

Nach dem Zweiten Weltkrieg befand sich der Fahrzeugpark der Polnische Staatsbahnen (PKP) in einem desolaten Zustand. Vor allem im Güterverkehr fehlten leistungsstarke und moderne Maschinen. Im Rahmen der Wiederaufbauhilfe der Vereinten Nationen bezogen die PKP ab Dezember 1946 insgesamt 100 schwere 1´Eh2-Güterzugloks der Firma »American Locomotive Company« (ALCO) aus den Vereinigten Staaten. Die PKP bezeichneten diese Maschinen als Reihe Ty 246. Charakteristisch für die Maschinen waren der in einem Stück gegossene Rahmen mit den Zylinderblöcken. Die Maschinen waren in erster Linie in den Depots Bydgoszcz Wschod und Karsznice stationiert. Von hier aus wickelten sie den größten Teil des schweren Güterzugdienstes zwischen den Kohlengruben in Oberschlesien und den Ostseehäfen ab. Dabei hatten die Maschinen bis zu 2.200 t schwere Züge am Haken. Dank der mechanischen Rostbeschickungsanlage – auch »Stoker« genannt – konnten die Heizer auf den Loks der Reihe 246 von ihrer schweren körperlichen Arbeit entlastet werden.

Auf der Grundlage der Ty 246 entwickelten die PKP in Zusammenarbeit mit den Cegielski-Werken in Poznan eine neue schwere Güterzuglok: die Reihe Ty 51. Die stimmte in den wichtigsten Parametern mit der Ty 246 überein, besaß aber einen geschweißten Blechrahmen. 1953 begann die Serienlieferung der Ty 51, von der bis 1958 insgesamt 232 Exemplare in Dienst gestellt wurden. Mit der Abnahme der Ty 51 232 endete der Dampflokbau in Polen. In Sachen Leistung und Zugkraft war die Ty 51 der Ty 246 ebenbürtig. Allerdings erwies sich der Blechrahmen als zu schwach. Daher mussten das für die Unterhaltung zuständige Ausbesserungswerk Olesnica die Rahmen durch eingeschweißte Bleche verstärken.

Mit dem fortschreitenden Traktionswechsel wurden die Reihen Ty 246 und Ty 51 in den 1970er-Jahren schrittweise abgelöst. Nur gut zehn Jahre später waren alle Ty 246, mit Ausnahme der Museumslok Ty 246 22 (Karsznice), verschrottet. Die letzten Ty 51 waren Anfang der 1990er-Jahren bei der Sandbahn Kolarnia im Einsatz. Heute werden in Karsznice und Wolsztyn jeweils eine Ty 51 als Schaustücke und für Sonderfahrten vorgehalten.

Als Wiederaufbauhilfe erhielt Polen nach dem Ende des Zweiten Weltkrieges die Dampfloks der Reihe Ty 246. Im Depot Pyskowice stand am 15. Mai 1978 die Ty 246-58.

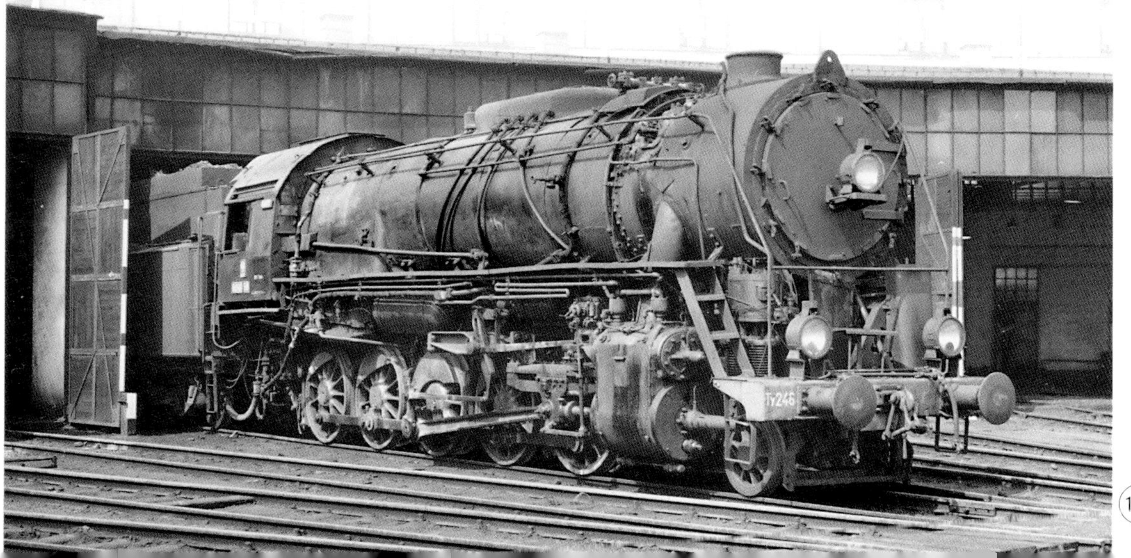

Nachkriegsgenerationen – die Reihen Ty 23 und Ty 45 (Polen)

Auf der Basis der Ty 23 entstand 1945 die Güterzuglok der Reihe Ty 45, von der bis 1951 insgesamt 428 Exemplare gebaut wurden. Der Wannentender und das geschlossene Führerhaus stammten von der Baureihe 52.

		Ty 23	Ty 45
Bauart		1'Eh2	1'Eh2
Länge über Puffer	mm	20.065 1)	21.954 2)
Höchstgeschwindigkeit v/r	km/h	75/50	75/50
Zylinderdurchmesser	mm	650	620
Kolbenhub	mm	720	700
Treib- und Kuppelraddurchmesser	mm	1.450	1.450
Laufraddurchmesser v	mm	1.000	860
Kesselüberdruck	kp/cm^2	14	16
Rostfläche	m^2	4,50	4,55
Verdampfungsheizfläche	m^2	227,16	196,90
Brennstoffvorrat	t	10	12
Wasserkasteninhalt	m^3	21,3	32
Leistung	PS	?	1.720

Anmerkungen: 1) mit Tender Reihe 32 D 47
2) mit Tender Reihe 32 D 23

Anfang der 1920er-Jahre fehlten den Polnische Staatsbahnen (PKP) vor allem für die Beförderung schwerer Kohlezüge auf den Strecken in Oberschlesien leistungsstarke Güterzugmaschinen. Mit der Entwicklung der gewünschten Maschine beauftragten die PKP schließlich die Berliner Maschinenbau AG, vormals Louis Schwartzkopff (BMAG). Bereits 1923 lieferte die BMAG die ersten 15 Exemplare der als Reihe Ty 23 bezeichneten Type aus. Diese lehnte sich stark an österreichische und preußische Traditionen im Lokomotivbau an. Typisch für die Ty 23 waren ihr Blechrahmen, der Belpaire-Stehkessel und der große Kolbenhub. Im Betriebsdienst erwies sich die Ty 23 als robust und leistungsstark und erfüllte damit alle Forderungen der PKP. Diese gaben zunächst weitere 60 Maschinen bei den belgischen Firmen Cockerill und St. Leonard in Auftrag, bevor ab 1926 in den Cegielski-Werken und 1927 in Chranzow die Fertigung der Ty 23 anlief. Bis 1932 stellten die PKP mehr als 500 Exemplare der Ty 23 in Dienst.

Mitte der 1930er-Jahre bestand abermals Bedarf an neuen schweren Güterzugmaschinen. Die PKP griffen bei der anstehenden Neuentwicklung auf die Pläne der Ty 23 zurück und leiteten daraus die Ty 37 ab. Diese unterschied sich jedoch durch den höheren Kesseldruck und den Barrenrahmen erheblich von der Ty 23. Die Serienproduktion der neuen Type begann 1937 in den Cegielski-Werken und wurde 1939 nach der Besetzung Polens durch die Deutsche Wehrmacht eingestellt. Insgesamt 27 Maschinen der Ty 37 wurden in Dienst gestellt, in den Jahren 1940/41 folgten noch einmal 10 Stück. Unmittelbar nach der Befreiung Polens machten sich die PKP an die Entwicklung einer einfachen aber robusten Güterzuglok. Als Grundlage diente die Ty 37, die nun überarbeitet wurde. Wichtigste Neuerung der als Ty 45 bezeichneten Type waren der Wannentender und das Führerhaus, die von den Kriegsloks der Baureihe 52 (siehe Seite 113) stammten. Bereits 1946 begann die Serienfertigung der Ty 45 bei den Cegielski-Werken und Chranzow. Beide lieferten bis 1951 insgesamt 428 Exemplare. Gemeinsam mit den Reihen Ty 246 und Ty 51 bildeten die Maschinen der Reihen Ty 23 und Ty 45 viele Jahre das Rückgrat im schweren Güterzugdienst bei den PKP. Während die letzten Ty 23 bereits in den 1970er-Jahren ausschieden, konnten sich einige Ty 45 bis Anfang der 1990er-Jahre im Güterzugdienst vor allem in Schlesien behaupten.

Der böhmische »Jumbo« – die Reihe 556.0 (CSSR)

Bauart		1'Eh2
Höchstgeschwindigkeit v/r	km/h	80/50
Zylinderdurchmesser	mm	550
Kolbenhub	mm	660
Treib- und Kuppelraddurchmesser	mm	1.400
Laufraddurchmesser v	mm	800
Kesselüberdruck	kp/cm²	18
Rostfläche	m²	4,34
Verdampfungsheizfläche	m²	201,0

Bereits Ende der 1940er-Jahre machte sich bei den Tschechoslowakischen Staatsbahnen (CSD) der Mangel an leistungsfähigen Dampfloks für den schweren Güterzugdienst bemerkbar. Die vorhandenen Typen reichten weder im Hinblick auf ihre Zahl noch auf ihre Leistung mittelfristig aus. Aus diesem Grund beauftragten die CSD die Skoda-Werke in Pilsen mit der Entwicklung einer neuen Güterzuglok, deren Achsfahrmasse jedoch 17 t nicht überschreiten durfte. Die Ingenieure von Skoda griffen dabei auf den Verbrennungskammer-Kessel der bewährten Reihe 475.1 (siehe Seite 96) zurück. Außerdem erhielten die Maschinen Druckausgleich-Kolbenschieber der Bauart Trofimoff, Rollenlager und Achslagerstellkeile der Bauart Franklin, was die Laufeigenschaften der Güterzuglok erheblich verbesserte. Außerdem wurden die Loks mit einem Stoker und einer Kylchap-Doppelblasrohranlage ausgerüstet.

Bereits 1952 konnten die CSD das Baumuster der neuen Reihe 556.0 in Dienst stellen. Die Erwartungen des Auftraggebers erfüllte die neue Lok spielend. Die großzügig dimensionierte Maschine erreichte bei ihren Testfahrten mit einem 1.200 t schweren Zug in der Ebene problemlos 80 km/h. Damit war die Reihe 556.0 die stärkste Güterzug-Dampflok der CSD. Noch 1952 begann die Serienlieferung des böhmischen »Jumbos«. Bis 1958 verließen insgesamt 510 Exemplare der Reihe 556.0 die Werkhallen in Pilsen. Die Reihe 556.0 wurde damit auch zur meist gebauten Dampflok der CSD. Von Beginn an wurden die Maschinen im schweren Güterzugdienst eingesetzt. Dabei stellten die imposanten Loks vor bis zu 4.000 t schweren Zügen ihre Leistung unter Beweis. Die Personale schätzten die Reihe 556.0 als zuverlässig und leistungsstark. Dank ihrer Höchstgeschwindigkeit von 80 km/h kamen die böhmischen »Jumbos« auf den Gebirgsstrecken auch zu Schnellzugehren. Dazu gehörte unter anderem die Bespannung des »Vindobona« zum Grenzbahnhof Ceske Velenice. Erst mit dem offiziellen Ende der Dampftraktion bei den CSD am 1. September 1980 hatte die Reihe 556.0 ausgedient.

1981 halfen einige Maschinen als Reserve aus oder dienten als Dampfspender. Die meisten Loks gingen anschließend den Weg allen alten Eisens. Lediglich 556.036 und 556.0510 blieben als Museumsfahrzeuge der CSD erhalten. 556.0510 war immerhin die letzte in der Tschechoslowakei in Dienst gestellte Neubau-Dampflok.

Die Güterzugmaschinen der Reihe 556.0 waren die stärksten Dampfloks der CSD. Insgesamt 510 Exemplare wurden zwischen 1952 und 1958 gebaut.

Die Gotthard-Lok – die Klasse C 5/6 (Schweiz)

Anfang der 1960er-Jahre war die Lok 2978 mit einem Personenzug mit Güterbeförderung auf der Gotthard-Strecke im Einsatz.

Bauart		1´Eh4v[1]
Länge über Puffer	mm	19.195
Höchstgeschwindigkeit v/r	km/h	65/40
Zylinderdurchmesser HD/ND	mm	470/710 [2]
Kolbenhub	mm	640
Treib- und Kuppelraddurchmesser	mm	1.330
Kesselüberdruck	kp/cm²	15 [3]
Rostfläche	m²	4,0
Verdampfungsheizfläche	m²	278,7 [4]
Brennstoffvorrat	t	7
Wasserkasteninhalt	m³	18
Leistung	PS	1.600

Anmerkungen: 1) Loks 2901 und 2902: 1´Eh4
2) ab Lok 2954: 690 mm
3) Loks 2901, 2902, 2951–2953: 13 kp/cm²
4) ab Lok 2954: 273,7 m²

Anfang des 20. Jahrhunderts benötigten die Schweizerischen Bundesbahnen (SBB) für den schweren Güterzugdienst auf der Gotthard-Strecke eine neue Dampflok. Die bis dato hier eingesetzten Vierkuppler der Klasse C 4/5 waren den betrieblichen Anforderungen nicht mehr gewachsen. Die SBB forderten nun eine Lok, die in der Lage war, einen 320 t schweren Zug mit 25 km/h über eine 25 Promille-Steigung zu befördern. Die Schweizer Lokomotivfabrik Winterthur (SLM) entwickelte die neue Klasse C 5/6. Von dem neuen Fünfkuppler wurden 1913 zunächst fünf Prototypen gebaut. Während die Loks 2901 und 2902 ein Vierzylinder-Triebwerk besaßen, hatten die Loks 2951–2953 ein Vierzylinder-Verbundtriebwerk. Nach der gründlichen Erprobung der Baumuster, entschieden sich die SBB für die weitere Beschaffung der Verbund-Variante, von der bis 1917 insgesamt 25 Exemplare geliefert wurden. Mit der Indienststellung der 2978 am 23. Juli 1917 ging in der Schweiz eine Ära zu Ende – die 2978 war die letzte für die SBB gebaute Dampflok. Die C 5/6 erfüllte von Beginn an alle Anforderungen, die man an die neue Type gestellt hatte. Ihre große Leistung – sie war die stärkste Dampflok der SBB – brachte ihr den Spitznamen »Elefant« ein.

Haupteinsatzgebiet der 1´Eh4v-Maschinen war zunächst die Gotthard-Strecke. Mit deren schrittweiser Elektrifizierung kamen die »Elefanten« auch in anderen Kantonen der Eidgenossenschaft zum Einsatz. Die 2901 und 2902 wurden bereits 1933 ausgemustert. Zwischen 1944 und 1945 mussten die SBB 16 Loks an das Deutsche Reich vermieten. Anschließend waren bis 1952 einige C 5/6 in Frankreich eingesetzt. Ab 1959 wurden die »Elefanten« nur noch in untergeordneten Diensten, z.B. als Reserve- oder Hilfszuglok, verwendet. Am 25. November 1968 bespannte die 2969 den letzten planmäßigen Dampfzug der SBB. Fünf Tage später beendete dann 2978 das Dampfzeitalter bei den SBB. Insgesamt vier Maschinen der Klasse C 5/6 blieben erhalten. Die SBB Historic hält die 2978 betriebsfähig für Sonderfahrten vor.

Britischer Abendstern – die Class 9F
(Großbritannien)

Noch in ihrem Gründungsjahr 1948 beschloss die neue Staatsbahn *British Railways* (BR), mehrere neue Dampfloktypen, die sogenannten *Standard Classes,* nach einem *Standard Design* zu bauen. Federführend war Robert Riddles (1892–1983), seit 1948 *Chief Mechanical Engineer* von BR, der auch die Standard Class 9F entwarf. Sie sollte schwere Güterzüge mit hoher Geschwindigkeit über größere Entfernungen befördern. Die Zweizylinder-Lok sollte in der Ebene einen rund 910 Tonnen schweren Zug mit 35 mph (56 km/h) befördern können, wobei ein exzellenter Wirkungsgrad gefordert war. Ursprünglich sollte die Lok die Achsfolge 1'D1' erhalten, doch Riddles wählte eine Kuppelachse mehr und konnte so den Achsdruck auf rund 15 Tonnen reduzieren.

Die neue Baureihe war eine der stärksten Loks, die jemals in Großbritannien konstruiert wurde, und erfüllte alle Anforderungen. Während der 1950er-Jahre beförderten die 9Fs nicht nur Güterzüge, sondern waren auch immer wieder vor Reisezügen anzutreffen. Es überrascht somit nicht, dass die 9F als der gleichzeitige End- und Höhepunkt des britischen Dampflokbaus gilt.

Während ihrer kurzen Einsatzzeit wurde die Baureihe immer wieder dazu genutzt, um neue technische Entwicklungen zu testen. Das reichte vom Franco-Crosti-Kessel über eine Stokerfeuerung bis zum Giesl-Ejektor.

Insgesamt wurden 251 Exemplare der 9F gebaut: Den Abschluss bildete 92220 »Evening Star« – »Abendstern« –, nicht nur die letzte Maschine dieser Baureihe, sondern auch die letzte Dampflok die BR jemals bauen ließ. Den bedeutungsvollen Namen hatte man extra durch ein Preisausschreiben ermittelt.

Bereits 1964 stellte BR die ersten Maschinen ab und drei Jahre später quittierte die letzte 9F ihren Dienst. Mehrere Exemplare blieben erhalten.

Bauart		**1'Eh2**
Länge ü. Puffer	mm	20.170
Zylinderdurchmesser	mm	510
Kolbenhub	mm	710
Treib- und Kuppelraddurchmesser	mm	1.520
Laufraddurchmesser v/h	mm	1.020
Kesselüberdruck	kp/cm^2	17
Rostfläche	m^2	3,73
Brennstoffvorrat	t	7,1
Wasserkasteninhalt	m^3	23

92214 wurde 1959 in Swindon gebaut und bereits im Juli 1965 abgestellt. Am 20. August 2010 war sie bei der britischen Museumsbahn North Yorkshire Moors Railway im Einsatz und verlässt den Bahnhof Grosmont.

An der Leistungsgrenze – die Achsfolge F und mehr

Bald merkten die Konstrukteure, dass sie nicht beliebig Kuppelachse an Kuppelachse reihen konnten, denn Kurven und Weichen lassen sich dann nicht mehr befahren. Sechs Kuppelachsen erwiesen sich als das Maximum. Deshalb erdachten die Ingenieure Jean Jaques Meyer (1804–1877) und Jules T. Anatole Mallet (1837–1919) unabhängig voneinander Gelenklokomotiven, bei denen zwei Triebwerke hintereinander gebaut wurden. Während aber bei Mallet ein Triebwerk starr im Rahmen saß, waren bei Meyers Konstruktion beide Triebwerke beweglich gelagert. Besonders die Bauart Mallet ermöglichte den Ingenieuren ganz neue Möglichkeiten, wie Stahlkolosse der amerikanischen Privatbahnen beweisen.

Bahnrad-Weltmeister – die Reihe 369
(ÖBB-Reihe 297)

In der zweiten Hälfte der 1920er-Jahre hatten die auf der Zahnradbahn Vordernberg–Erzberg in der Steiermark eingesetzten Dampfloks der Reihe 69 (siehe Seite 58) ihre Leistungsgrenze erreicht. Vor allem im Güterverkehr genügten die Dreikuppler schon geraume Zeit nicht mehr den betrieblichen Belangen. Bereits die kaiserlich-königlichen österreichischen Staatsbahnen (kkStB) hatten daher 1912 für die als »Erzbahn« bekannte Strecke drei sechsfachgekuppelte Zahnradmaschinen beschafft. Allerdings entsprachen die Nassdampfloks der Reihe 269 nicht mehr ganz dem Stand der Technik. Außerdem waren sie bei den Personalen wegen ihres enormen Brennstoffverbrauchs unbeliebt. Aus diesen Gründen planten die Österreichischen Bundesbahnen (BBÖ) Ende der 1920er-Jahre den Bau einer modernen und leistungsfähigen Zahnrad-Dampflok. Die ersten Entwürfe sahen abermals einen Sechskuppler ohne Laufachsen vor, jedoch mit Heißdampf-Triebwerk. Allerdings wurden die Vorarbeiten nach nur kurzer Zeit eingestellt, da mit der im Herbst 1929 einsetzenden Weltwirtschaftskrise die Transporte auf der Erzbahn regelrecht zusammenbrachen.

Erst Mitte der 1930er-Jahre stand wieder die Beschaffung einer neuen Zahnrad-Dampflok zur Debatte. Die ersten Entwürfe der als Reihe 369 vorgesehenen Type waren im April 1938 fertig und sahen eine F1´-Maschine vor. Nur wenige Monaten später wurde daraus eine 1´F1´-Tenderlok. Für die Achsfolge 1´F1´ sprachen eine bessere Lastverteilung und ein symmetrisches Fahrwerk. Nach der Verstärkung des Oberbaus der Erzbahn auf eine Achsfahrmasse von 16,5 t konnten das Fahrwerk und der Kessel der geplanten Zahnradlok erheblich verstärkt werden. Außerdem planten die BBÖ den Einbau eines Mischvorwärmers der Bauart Heinl.

Die Übernahme der BBÖ durch die Deutsche Reichsbahn (DRB) im Jahr 1938 und die äußerst komplizierten Konstruktionsarbeiten an der 1´F1´-Zahnradlok verzögerten den Baubeginn immer wieder. Erst 1941 konnte die Wiener Lokomotivfabrik Floridsdorf die beiden Prototypen fertigstellen. Die DRB reihte die mächtigen Maschinen als 97 401 und 97 402 in ihren Bestand ein – sie waren die größten Zahnrad-Dampfloks der Welt. Bei den anschließenden Probefahrten überzeugten die

Die Maschinen der Baureihe 97[4] waren die größen Zahnrad-Dampfloks der Welt, hier 97 401 in Vordernberg um 1943.

beiden Loks durch ihre gewaltige Leistung. In der Maximalsteigung von 71,5 Promille konnten sie einen 300 t schweren Zug mit 15 km/h befördern. Das war das rund 2,5-fache der Reihe 69. Doch die Zahnstangen waren für diese Last gar nicht ausgelegt, sodass die Loks kaum genutzt werden konnten und meist abgestellt waren. Der geplante Einbau eines Dampfmotors für den Zahnradantrieb konnte aufgrund des Zweiten Weltkrieges nicht umgesetzt werden.

Nach Kriegsende verblieben beide Maschinen in Österreich. Die Österreichischen Bundesbahnen (ÖBB) ließen jedoch lediglich 97 401 (ab 1953: Baureihe 297) wieder betriebsfähig aufarbeiten. Die zweite Maschine wurde 1949 ausgemustert und noch als Ersatzteilspender vorgehalten. Der Einzelgänger 297.401 erwies sich jedoch in der Praxis als kompliziert und störanfällig. Daran änderten auch die zahlreichen konstruktiven Verbesserungen – dazu gehörte auch der Einbau eines Giesl-Ejektors – nichts. 1964 stellten die ÖBB schließlich den ungeliebten Einzelgänger ab, der vier Jahre später ausgemustert wurde. Anschließend wurde die Lok als Denkmal in Vordernberg aufgestellt.

Bauart		**1'F1'h2zt**
Länge über Puffer	mm	14.800
Höchstgeschwindigkeit v/r	km/h	30/30 1)
Zylinderdurchmesser	mm	610 2)
Kolbenhub	mm	520 3)
Treib- und Kuppelraddurchmesser	mm	1.050
Laufraddurchmesser v/h	mm	750/750
Kesselüberdruck	kp/cm^2	16
Rostfläche	m^2	3,9
Verdampfungsheizfläche	m^2	210,0
Brennstoffvorrat	t	3,5
Wasserkasteninhalt	m^3	9,2

Anmerkungen: 1) bei Zahnradbetrieb: 25 km/h
2) Zahnradtriebwerk: 400 mm
3) Zahnradtriebwerk: 500 mm

Die Österreichischen Bundesbahnen setzten die 97 401 bis 1964 im Güterzugdienst auf der »Erzbahn« Vordernberg–Eisenerz im schweren Güterzugdienst ein.

Der Karpaten-Esel – die Reihe 651
(Ungarn)

Bauart		C'Cn4v((1))
Länge über Puffer (Tender Reihe 920)	mm	20.281
Höchstgeschwindigkeit v/r	km/h	50/50
Zylinderdurchmesser HD/ND	mm	400/620
Kolbenhub	mm	610
Treib- und Kuppelraddurchmesser	mm	1.220
Kesselüberdruck	kp/cm²	16
Rostfläche	m²	3,61
Verdampfungsheizfläche	m²	196,3
Brennstoffvorrat	t	9
Wasserkasteninhalt	m³	20

Anfang des 20. Jahrhunderts benötigten die Ungarischen Staatseisenbahnen (MAV) für den Güterverkehr auf den steigungs- und krümmungsreichen Strecken in den Karpaten sowie zwischen Agram und Fiume neue, zugstarke Dampfloks. Deren Achsfahrmasse durfte aber aufgrund des schwachen Oberbaus 13 t nicht überschreiten. Im Gegensatz zu den kaiserlich-königlichen österreichischen Staatsbahnen (kkStB) entschieden sich die MAV für die Entwicklung einer sechsfachgekuppelten Maschine. Die Konstruktion der als Reihe 651 bezeichneten Type übernahm die Ungarische Staatliche Eisen-, Stahl- und Maschinenfabrik (MAVAG) in Budapest. Im Hinblick auf einen guten Bogenlauf schlugen die Ingenieure der MAVAG der MAV eine Mallet-Maschine mit einem Vierzylinder-Verbundtriebwerk vor. Bereits 1909 stellte die MAV die ersten Exemplare der Mallet-Maschinen in Dienst. Die Nassdampfloks überzeugten durch ihre Leistung. In der Ebene konnten sie einen 2.000 t schweren Zug mit einer Geschwindigkeit von 35 km/h befördern.

Der Erfolg der Reihe 651 rief auch die Kaschau-Oderberger Eisenbahn (KO) auf den Plan. Auch diese benötigte neue Maschinen. Nach Testfahrten mit einer 651er der MAV gab die KO bei der Wiener Lokomotivfabrik Floridsdorf 13 baugleiche Mallet-Maschinen in Auftrag, die jedoch erst 1919 ausgeliefert werden konnten.

Nach dem Ersten Weltkrieg waren Maschinen der Reihe 651 in Ungarn, Jugoslawien und der Tschechoslowakei im Einsatz. Die 16 bei den Tschechoslowakischen Staatsbahnen (CSD) verbliebenen Loks (3 Loks der MAV, 13 Loks der KO) wurden 1939 von der Deutschen Reichsbahn (DRB) als Baureihe 51^{0} übernommen. Die DRB setzte die Mallet-Maschinen bevorzugt im mährischen Teil Schlesiens ein. Nach 1945 gehörten die Loks wieder zum Bestand der CSD, die die letzten Exemplare 1953 ausmusterten. Etwa zeitgleich endete der Einsatz der Reihe 651 in Ungarn.

Für den Güterzugdienst in den Karpaten beschafften die Ungarischen Staatseisenbahnen ab 1909 die Mallet-Maschinen der Reihe 651.

Die Schwäbische Alb hinauf – die Baureihe 59⁰ (ex württembergische K)

Bauart		1'Fh4v
Betriebsgattung		G 67.16
Länge über Puffer (Tender wü 2'2'T 20)	mm	20.190
Höchstgeschwindigkeit v/r	km/h	60/50
Zylinderdurchmesser HD/ND	mm	500/750
Kolbenhub	mm	650
Treib- und Kuppelraddurchmesser	mm	1.350
Laufraddurchmesser v	mm	943
Kesselüberdruck	kp/cm^2	15
Rostfläche	m^2	4,2
Verdampfungsheizfläche	m^2	232,0
Brennstoffvorrat	t	6
Wasserkasteninhalt	m^3	20
Leistung	PS	1.920

Die Königlich Württembergischen Staatseisenbahnen (KWStE) benötigten für die steigungsreiche Hauptstrecke Bretten–Stuttgart–Ulm mit der rund 5 km langen »Geislinger Steige« (Steigung 1 : 44) stets zugstarke Dampfloks. Bereits 1892 stellten die KWStE daher ihre ersten Fünfkuppler der Klasse G in Dienst. Gut 20 Jahre später genügten die Maschinen aber nicht mehr den betrieblichen Belangen. Der Chefkonstrukteur der KWStE, Wilhelm Dauner, suchte deshalb nach einem Ersatz für die Klasse G. Aufgrund der auf 16 t begrenzten Achsfahrmasse auf den Strecken der KWStE konnte die benötigte Mehrleistung nur durch eine Maschine mit sechs gekuppelten Achsen erreicht werden. Die zunächst erwogene Mallet-Maschine wurde aber aufgrund der beweglichen Dampfleitungen verworfen. Dauner entschied sich für eine 1'Fh4v-Maschine, mit deren Entwicklung er in Deutschland Neuland betrat. In Zusammenarbeit mit der Maschinenfabrik Esslingen entstand die Klasse K, deren Baumuster im Januar 1918 in Dienst gestellt wurde. Der Sechskuppler erfüllte die Anforderungen der KWStE, sodass bis 1924 insgesamt 44 Exemplare der württembergischen K beschafft wurden. Die Deutsche Reichsbahn-Gesellschaft (DRG) reihte die Maschinen 1925 als Baureihe 59⁰ in ihren Bestand ein. Nach der Elektrifizierung der »Geislinger Steige« 1933 kamen die Sechskuppler auf anderen Strecken in Württemberg zum Einsatz.

1942 wurden die meisten Maschinen der Baureihe 59⁰ nach Österreich umgesetzt, wo sie am Semmering ihre Leistungsfähigkeit unter Beweis stellten. Nach dem Zweiten Weltkrieg verblieben große Teile des Bestandes in Österreich, Ungarn und Jugoslawien. Während die Deutsche Bundesbahn (DB) die Klasse K bis 1953 ausmusterte, strichen die Österreichischen Bundesbahnen (ÖBB) die 659 029 als letzte ihrer 30 Württembergerinnen am 15. Oktober 1957 aus dem Bestand.

30 Maschinen der württembergischen K verblieben 1945 in Österreich. Dazu gehörte auch 59 044, die aber später an die Deutsche Bundesbahn übergeben wurde.

Der bayerische Riese – die Baureihe 96^0
(ex bayerische Gt 2 x 4/4)

Die Baureihe 96^0 war in erster Linie für den schweren Schiebedienst aus den Rampen im Frankenwald, Spessart und Thüringer Wald gedacht.

Die Königlich Bayerische Staatseisenbahn (K.Bay.Sts.B.) betrieben drei Hauptbahnen mit Steigungen bis zu 25 Promille. Dies waren die Steilrampen Laufach–Heigenbrücken (Spessart), Steinbach–Probstzella (Thüringer Wald) und Neuenmarkt-Wirsberg–Marktschorgast (Frankenwald). Die hier eingesetzten Dampfloks der Gattungen V IV (ab 1925: Baureihe 53^{80}) und EI (ab 1925: Baureihe 56^{30}) hatten Anfang des 20. Jahrhunderts ihre Leistungsgrenze erreicht, da die Zuglasten auf den Hauptbahnen immer weiter angehoben werden mussten. Um die Güterzüge über die Steilrampen befördern zu können, mussten die Züge entweder geteilt oder mit zwei Schiebeloks bespannt werden. Dadurch stiegen aber die Betriebskosten erheblich an. Die K.Bay.Sts.B. benötigten nun dringend eine neue leistungsfähige Dampflok für den Gebirgsdienst. Der zuständige Dezernent der K.Bay.Sts.B. entschied sich für die Entwicklung einer schweren Tenderlok. Diese musste zwar einerseits über einen ausreichend großen Kessel und genügend Reibungsmasse verfügen, die Achsfahrmasse durfte jedoch im Hinblick auf den schwachen Oberbau der K.Bay.Sts.B. 15 t nicht überschreiten. Angesichts dieser Prämissen entschieden sich die K.Bay.Sts.B. für die Entwicklung einer Mallet-Maschine der Bauart D'Dh4vt, die in Zusammenarbeit mit der Firma Maffei in München entwickelt wurde.

Als das Baumuster der als Gt 2 x 4/4 bezeichneten Type 1914 ausgeliefert wurde, staunte die Fachwelt. Die bayerische Mallet-Maschine war seinerzeit die größte Tenderlok Europas. Die vier hinteren Kuppelachsen wurden vom Hochdrucktriebwerk, die vier vorderen Kuppelachsen vom Niederdrucktriebwerk angetrieben. Die ersten Probefahrten mit dem als Bahn-Nummer 5751 in Dienst gestellten Prototypen fanden am 9. April 1914 zwischen Lichtenfels und Rothenkirchen statt. Hier beförderte die 5751 problemlos einen 1.000 t schweren Güterzug. Anstelle der bisher eingesetzten Gattungen C IV und E I benötigte die Gt 2 x 4/4 statt 103 nur 68 Minuten. Auch bei den folgenden Testfahrten zwischen Rothenkirchen und Steinbach überzeugte die Gt 2 x 4/4, von der die

K.Bay.Sts.B. bis Ende 1914 zunächst 15 Exemplare in Dienst stellte. 1922/23 folgte eine zweite Bauserie mit zehn Maschinen, die sich aber durch Änderungen am Kessel und am Triebwerk von den anderen Loks unterschieden.

Allerdings war der Einsatz der Baureihe 96^0, wie die bayerische Gt 2 x 4/4 ab 1925 hieß, nicht unproblematisch. Bauartbedingt entstand beim Fahren der Malletlok ein Kippmoment, wodurch das vordere Drehgestell entlastet wurde. Daraus resultierte eine sehr hohe Schleuderneigung, sodass im schweren Gebirgsdienst die Leistung der Gt 2 x 4/4 nicht voll ausgenutzt werden konnte. Dies zeigte sich vor allem nach der Indienststellung der ersten preußischen T 20 (ab 1925: Baureihe 95^0; siehe Seite 118 f.). Die T 20 war zwar deutlich kleiner als die Gt 2 x 4/4, aber wirtschaftlicher und dem bayerischen Riesen in vielen Bereichen ebenbürtig oder sogar überlegen.

Gleichwohl blieb die Baureihe 96^0 knapp zwei Jahrzehnte ihren Stammstrecken treu. Nach dem Zweiten Weltkrieg verblieben 18 Maschinen bei der Reichsbahn in den Westzonen (DRw). Dort wurden die letzten Mallet-Maschinen bereits am 20. September 1948 ausgemustert.

Bauart		**D'Dh4v**
Betriebsgattung		Gt 88.15 [1)]
Länge über Puffer	mm	17.550 [2)]
Höchstgeschwindigkeit v/r	km/h	50/50
Zylinderdurchmesser HD/ND	mm	520 [3)]/800
Kolbenhub	mm	640
Treib- und Kuppelraddurchmesser	mm	1.216
Kesselüberdruck	kp/cm^2	15
Rostfläche	m^2	4,25
Verdampfungsheizfläche	m^2	230,89 [4)]
Brennstoffvorrat	t	4,5 [5)]
Wasserkasteninhalt	m^3	11 [6)]
Leistung	PS	1.470 [7)]

Anmerkungen:
1) ab 96 016: Gt 88.16
2) ab 96 016: 17.700 mm
3) ab 96 016: 600 mm
4) ab 96 016: 195,64 m^2
5) ab 96 016: 5 t
6) ab 96 016: 12,3 m^3
7) ab 96 016: 1.630

Die spätere 96 001 wurde als erste ihrer Baureihe im Frühjahr 1914 in Dienst gestellt. Sie war damals die größte Tenderlok Europas.

Heimlicher Neubau – die Baureihe 99^{51-60}
(ex sächsische IV K)

		Altbau	GR
Bauart		B´B´n4vt	B´B´n4vt
Betriebsgattung		K 44.7 [1]	K 44.7 [1]
Länge über Puffer	mm	9.000	9.000
Höchstgeschwindigkeit v/r	km/h	30/30	30/30
Zylinderdurchmesser HD/ND	mm	240/400 [2]	240/400
Kolbenhub	mm	380	380
Treib- und Kuppelraddurchmesser	mm	760	760
Kesselüberdruck	kp/cm^2	14 [3]	15
Rostfläche	m^2	0,97	0,97
Verdampfungsheizfläche	m^2	49,87	49,87
Brennstoffvorrat	t	1,02	1,20
Wasserkasteninhalt	m^3	2,4	2,4
Leistung	PS	210	210

Anmerkungen:
1) ab 99 586: K 44.8
2) ab 99 561
3) ab 99 581: 15 kp/cm^2

Der Inbegriff der sächsischen Schmalspur-Dampflok ist bis heute die ehemalige Gattung IV K. Bereits um 1890 genügten die auf den Schmalspurstrecken der Königlich Sächsischen Staatseisenbahnen (K.Sächs.Sts.E.) eingesetzten Maschinen nicht mehr den betrieblichen Belangen. Aus diesem Grund beauftragte der Vorstand der Maschinenhauptverwaltung, Ewald Richard Klien (1841–1917), die Sächsische Maschinenfabrik (SMF) mit der Entwicklung einer neuen Schmalspur-Maschine. Diese musste in der Lage sein, anstandslos Radien bis zu 40 m zu durchfahren. Die Ingenieure der SMF entwickelten deshalb keine Einrahmenlok, sondern griffen auf zwei Triebdrehgestelle der Bauart Meyer mit den hinteren Hochdruck und den vorderen Niederdruck-Zylindern zurück.

Bereits 1892 stellten die K.Sächs.Sts.E. die ersten Exemplare der Gattung MTK (ab 1896: IV K) in Dienst. Die Gelenkloks erfüllten die Forderungen der K.Sächs.Sts.E. und wurden ein voller Erfolg. In mehreren Baulosen, die sich untereinander nur in wenigen Details unterschieden, wurden bis 1921 insgesamt 96 Exemplare der Gattung IV K beschafft. Sie ist damit die meist gebaute deutsche Schmalspur-Dampflok. Die Deutsche Reichsbahn-Gesellschaft (DRG) reihte 1925 noch 91 Exemplare in ihren Bestand ein.

Auf zahlreichen sächsischen Bimmelbahnen war die IV K bis zur Streckenstilllegung im Einsatz. Nach dem Zweiten Weltkrieg verblieben der Deutschen Reichsbahn (DR) in der sowjetischen Besatzungszone 37 Maschinen, die sich jedoch Ende der 1950er-Jahre in einem desolaten Zustand befanden. Da die DR aber langfristig auf die IV K nicht verzichten konnte, rüstete das Reichsbahnausbesserungswerk Görlitz von 1962 bis 1967 insgesamt 30 Maschinen mit neuen Kesseln aus. 22 Loks erhielten außerdem neue Rahmen, Zylinder und Drehgestelle. Diese IV K waren de facto Neubauten. Erst 1993 schieden die letzten IV K aus dem Plandienst aus. Insgesamt 21 Maschinen blieben als Museumsstücke erhalten.

Auf der Schmalspurbahn Oschatz–Mügeln–Kemmlitz/Glossen ist die einstige IV K bis heute regelmäßig im Einsatz.

Harz-Methusalem – die Baureihe 99^{590}
(Harz-Mallets)

Bauart		B'Bn4vt
Betriebsgattung		K 44.9
Länge über Puffer	mm	8.875
Höchstgeschwindigkeit v/r	km/h	30/30
Zylinderdurchmesser HD/ND	mm	285/425
Kolbenhub	mm	500
Treib- und Kuppelraddurchmesser	mm	1.000
Kesselüberdruck	kp/cm²	14
Rostfläche	m²	1,39
Verdampfungsheizfläche	m²	61,34
Brennstoffvorrat	t	1,5
Wasserkasteninhalt	m³	5
Leistung	PS	210

Zu den ältesten betriebsfähigen Dampflokomotiven in Deutschland gehören die Maschinen der Baureihe 99^{590}. Die Nordhausen-Wernigeroder Eisenbahn (NWE) benötigte für ihre zwischen 1897 und 1899 eröffneten steigungs- und krümmungsreichen Schmalspurbahnen Nordhausen Nord–Wernigerode und Drei Annen Hohne–Brocken zugstarke, kurvengängige Dampfloks. Da es jedoch Ende des 19. Jahrhunderts keine vierfachgekuppelten Einrahmen-Dampfloks gab, die Radien von bis zu 50 m durchfahren konnten, beauftragte die NWE die Firma Arnold Jung in Jungenthal mit der Entwicklung einer Mallet-Maschine der Bauart B'Bn4vt, von der 1897 bereits das erste Exemplar in Dienst gestellt wurde. Bis 1912 beschaffte die NWE insgesamt zwölf Nassdampf-Verbundmaschinen.

Die zugstarken Loks erwiesen sich mit ihrem hinteren festen Hochdrucktriebwerk und dem vorderen beweglichen Niederdrucktriebwerk auf den Strecken des NWE als geradezu ideal. Doch die Freude an den Maschinen währte nicht lange. Während des Ersten Weltkrieges musste die NWE sechs Maschinen an die Heeresfeldbahnen abgeben.

In den 1920er-Jahren konnte die NWE aufgrund finanzieller Engpässe nicht genügend neue Loks beschaffen, sodass sie ihre alten Mallets in eigener Werkstatt modernisierte. Dabei wurden neue Kessel mit einem höheren Betriebsdruck eingebaut, wodurch die Leistung deutlich anstieg. Eine Maschine musste aber 1927 nach einem Unfall verschrottet werden.

Bis Mitte 1950er-Jahre bildeten die noch verbliebenen fünf Malletloks aus der Anfangszeit der NWE das Rückgrat in der Zugförderung. Nach dem Eintreffen der Neubau-Maschinen der Baureihe 99^{23-24} (siehe Seite 116) wurden die Mallet-Maschinen zur Selketalbahn Gernrode–Harzgerode/Straßberg umgesetzt, wo sie bis 1988 im Einsatz waren. Seit dem Einbau einer Druckluftbremse 1992 kommen die bestens gepflegten 99 5901 und 99 5902 nur noch vor Sonderzügen auf den Schmalspurbahnen im Harz zum Einsatz.

Die NWE 11 wurde 1949 von der DR übernommen und erhielt die Betriebs-Nr. 99 5901.

Herausforderung – die »Challenger« der Union Pacific Railroad

»Challenger« 3991 gehörte zur zweiten Bauserie. ALCO lieferte die Maschine 1943 an die Union Pacific.

In den 1930er-Jahren wuchs der Güterverkehr der *Union Pacific Railroad* (UP) stark an. Um die schweren Züge über den Wasatch in den Rocky Mountains zu befördern, musste die UP ihre Züge häufig in Doppeltraktion bespannen. Um die Kosten zu senken, benötigte man eine Lok, die in der Lage war, mit den schweren Zügen allein die Passhöhe zu erreichen.

Der langjährige *General Mechanical Engineer* der UP, Arthur H. Fetter, plante ursprünglich den Bau einer 2'F1'-Maschine. Doch in Zusammenarbeit mit den Ingenieuren der American Locomotive Company (ALCO) entstand eine Konstruktion, bei der man die sechs Treibachsen auf zwei Zweizylinder-Triebwerke mit einfacher Dampfdehnung aufteilte, den Kesseldruck erhöhte und für die vergrößerte Feuerbüchse ein zweiachsiges Drehgestell vorsah.

Das erste Exemplar stellte die UP am 25. August 1936 mit der Nummer 3900 in Dienst. Bei den anschließenden Testfahrten stellte die neue Lok ihr Leistungsvermögen eindrucksvoll unter Beweis und erhielt deshalb den Namen »Challenger« – »Herausforderer«.

1936 lieferte ALCO 40 Exemplare an UP, die sich sehr gut bewährten. Weitere 65 Loks erhielt UP zwischen 1942 und 1945. Diese Maschinen besaßen einige Verbesserungen, die aus Erfahrungen mit dem Bau des »Big Boys« (siehe Seite 141) stammten, dessen Konstruktion auf der »Challenger« basierte.

Bauart		**(2'C)C2'h4**
Länge ü. Puffer	mm	36.928
Höchstgeschwindigkeit v/r	km/h	129
Zylinderdurchmesser	mm	533 [4)]
Kolbenhub	mm	813
Treib- und Kuppelraddurchmesser	mm	1.753
Kesselüberdruck	kp/cm^2	17,9 [1)]
Rostfläche	m^2	10 [2)]
Verdampfungsheizfläche	m^2	431 [3)]
Brennstoffvorrat	t	25,5
Wasserkasteninhalt	m^3	94,64
Leistung	PS	

Anmerkungen:
1) spätere Baulose 19,7 kp/cm^2
2) spätere Baulose 12,24 m^2
3) spätere Baulose 456,32 m^2
4) spätere Baulose 530 mm

So erhielten sie Zylinder mit einem Durchmesser von 530 mm, eine kürzere Feuerbüchse sowie einen Kesseldruck von 19,7 kp/cm^2. Neben der UP setzten noch weitere acht amerikanische Bahngesellschaften insgesamt 147 Loks dieses Typs ein, die sich in einigen Details von der UP-Ausführung unterschieden. Der planmäßige Einsatz der »Challenger«-Maschinen endete 1958.

Zwei Loks blieben erhalten: UP-3985 ist die größte betriebsfähige Dampflokomotive der Welt und die 3977 steht als Denkmal im Cody Park in North Platte, Nebraska.

Großer Junge – die Class 4000 der Union Pacific

Bauart		(2'D)D2'h4
Länge ü. Kupplung (Tender Centipede)	mm	40.485
Höchstgeschwindigkeit v/r	km/h	112
Zylinderdurchmesser	mm	603
Kolbenhub	mm	813
Treib- und Kuppelraddurchmesser	mm	1.727,2
Laufraddurchmesser v/h	mm	914,4/1.066,8
Kesselüberdruck	kp/cm^2	21,1
Rostfläche	m^2	13,94
Verdampfungsheizfläche	m^2	547,1 [1)]
Brennstoffvorrat	t	25,4
Wasserkasteninhalt	m^3	94,64
Leistung	PS	6.300

Anmerkung: 1) ab Lok 4020: 534,7 m^2

Auch nach der Lieferung der »Challenger«-Loks (siehe Seite 140) benötigten viele Güterzüge der Union Pacific (UP) in den Rocky Mountains noch immer Vorspann- oder Schiebelokomotiven. Die Leitung der UP forderte deshalb Ende der 1930er-Jahre von ihrem »Department of Research and Mechanical Standards« eine Lok, die in der Lage sein sollte, einen rund 3.300 t schweren Zug ohne Hilfe über die langgezogene 1,14%-Steigung am Wasatch zu befördern. Gleichzeitig sollte die neue Maschine auch schnell genug sein, um die Strecke zwischen Cheyenne (Wyoming) und Ogden (Utah) ohne Lokwechsel durchfahren zu können.

Die Antwort der Ingenieure bestand in einer auf Basis der Challenger entwickelten Gelenklokomotive der Class 4000 mit der Achsfolge (2'D)D'2 und einfacher Dampfdehnung. Die American Locomotive Company (ALCO) lieferte 20 Exemplare der neuen Baureihe im Jahr 1941 und 1944 noch einmal fünf Maschinen. Ein unbekannter Mitarbeiter von ALCO gab der Lok auch ihren Namen: Während des Baus schrieb er »Big Boy« an die Rauchkammertür.

Da die Maschinen mit minderwertiger Kohle befeuert wurden, hatten sie einen fast 14 m^2 großen Rost erhalten, der mechanisch mittels Stoker beschickt wurde. Bei Volllast verbrauchte der »Big Boy« rund 25 t Kohle pro Stunde. Dies ermöglichte bei 48 km/h eine Dauerleistung von rund 6.300 PS. Das Gesamtgewicht der Loks betrug über 548 t.

Damit gehörten die Maschinen zu den schwersten und stärksten jemals gebauten Dampfloks der Welt. Die Maschinen erfüllten die Anforderungen der UP und beförderten im Alltagsbetrieb bis zu 6.000 t schwere Züge durch die Rocky Mountains.

Bereits 1959 endet der planmäßige Einsatz der »Big Boys«. Acht Maschinen sind erhalten, keine davon ist jedoch betriebsfähig.

Zum letzten Baulos mit fünf Exemplaren gehörte »Big Boy« 4024, den ALCO im Jahr 1944 herstellte.

Anhang

Achsfolge, Bauart und Betriebsgattung

Diesen Abschnitt entnahmen wir mit freundlicher Genehmigung des Autors dem Buch: Dirk Endisch: So funktioniert die Dampflok, 2. Auflage Stuttgart 2004.

Prinzipiell werden Dampflokomotiven in Deutschland nach ihrer Bauart unterschieden. Allerdings gab es im Deutschen Reich bis Anfang der 1920er-Jahre keine einheitliche Festlegung für die Bezeichnung der Bauart einer Maschine. Die meisten Bahnverwaltungen und Lokomotivfabriken bezeichneten lediglich die Achsanordnung der Lokomotiven mit Brüchen. Die Angaben waren jedoch weder einheitlich noch eindeutig. So konnte 2/4 für eine 1´D 1´- oder für eine 2´D-Maschine stehen. Im englischsprachigen Raum, vor allem in den USA und in Großbritannien wurden bestimmte Achsanordnungen mit Namen versehen. Die wichtigsten und bekanntesten Bezeichnungen waren dabei:

1´A	Planet
1´B	Four wheeler
1´B1´	Columbia
2´B	American
2´B1´	Atlantic
2´B´2´	Double Ender
C	Six-wheeled switcher oder Bournonais oder Sixcoupler
1´C	Mogul
1´C´1	Prairie
2´C	Ten wheeler
2´C1´	Pacific
2`C2´	Baltic oder Hudson
D	Eight-wheeled switcher oder Eightcoupler
1´D	Consolidation
1´D1´	Mikado
2´D1´	Mountain
E	Ten-wheeled switcher oder Tencoupler
1´E	Decapod
1´E1´	Santa Fé oder Lorraine

Allerdings gaben diese Bezeichnungen keinerlei Auskunft über die Bauart des Triebwerks. So konnte eine »Pacific« ein Zweizylinder-, ein Dreizylinder- oder ein Vierzylinderverbund-Triebwerk haben. Technisch und betrieblich machte dies einen großen Unterschied!
Erst die im Ersten Weltkrieg aufkommende Normierung von Baugruppen und Bauteilen im Zug der Deutschen Industrie-Normen (DIN) beendete diesen unklaren Zustand. So gründeten die deutschen Lokomotivfabriken am 13. Februar 1918 den Lokomotiv-Normen-Ausschuss, dessen Vorsitz der Direktor der Hanomag, Erich Metzeltin (1871–1948), übernahm. Bevor sich der Ausschuss jedoch um technische Details kümmern konnte, mussten erst einmal verbindliche und einheitliche Bezeichnungen für Bauart der Lokomotiven und die einzelnen Bauteile einführen. Mitunter gab es für dasselbe Bauteil unterschiedliche Bezeichnungen in Nord- und Süddeutschland. Innerhalb weniger Monate legte der Lokomotiv-Normen-Ausschuss (LON) die entsprechenden Unterlagen vor. Die LON-Norm Nr. 52 regelte schließlich die Bezeichnung der Bauart, die nun neben Angaben zur Achsfolge auch Informationen zum Triebwerk umfasste. So bedeutet die Formel 1´D1´h 2 übersetzt:

1´	= eine bewegliche Laufachse vorne
D	= vier gekuppelte Achsen (A = 1 Achse, B = 2 Achsen,
C	= drei Achsen, E = fünf Achsen, F = sechs Achsen)
1´	= eine bewegliche Laufachse hinten
h	= Heißdampf-Triebwerk (»n« für Nassdampf-Triebwerk)
2	= zwei Zylinder (3 = drei Zylinder, 4 = vier Zylinder)

Mitunter steht hinter der Zylinderzahl noch ein »v« für »Verbundtriebwerk«. Bei diesen Maschinen wird der Dampf zuerst in einem Hochdruckzylinder teilentspannt und gelangt dann in einen deutlich größeren Niederdruckzylinder, wo er ein zweites Mal Arbeit verrichtet.
Auch die Tender der Schlepptender-Lokomotiven werden nach einem bestimmten System bezeichnet. So bedeutet zum Beispiel 2´2´T 32:

2´2´	= zwei bewegliche Drehgestelle
T	= Tender
32	= 32 m³ Wasservorrat

Eine wichtige Rolle bei den Bauart-Bezeichnungen spielt das Apostroph hinter den Zahlen oder Buchstaben. Das Apostroph zeigt an, ob die Achsen beweglich gelagert sind oder fest im Rahmen ruhen. Die frühen Einheits-Tender der Bauart 2´2 T 30 besitzen zum Beispiel ein bewegliches Drehgestell mit zwei Achsen und zwei fest im Rahmen gelagerte Achsen.
Welche Bedeutung das Apostroph hat, lässt sich sehr gut an den bekannten Mallet-Lokomotiven des Harzes und der bekannten sächsischen IV K zeigen. Während die IV K als Bauart B´B´n4v bezeichnet wird, gehören die Mallets zur Bauart B´Bn4v. Das Apostroph hinter dem zweiten B fehlt, da die hinteren Achsen bei den Mallet-Maschinen fest im Rahmen gelagerte sind. Ein kleines Zeichen mit einer großen Bedeutung!
Die Deutsche Reichsbahn-Gesellschaft (DRG) führte 1925 zur weiteren Unterscheidung ihrer Dampflokomotiven noch die Betriebsgattung ein. Im Zuge der Einführung der neuen Baureihen-Nummern erhielten nun alle Maschinen auf beiden Seiten des Führerstandes ein Gattungsschild, das normalerweise links neben dem Aufstieg am Führerhaus montiert wurde. Bei einigen Maschinen wurde die Betriebsgattung auch direkt mit weißer Farbe ans Führerhaus geschrieben.
Das Gattungsschild enthält Informationen über den Verwendungszweck (auch Bauartgruppe genannt), die Anzahl der gekuppelten Achsen, die Anzahl der gesamten Achsen und über die mittlere Achsfahrmasse der Maschine. So trugen die Lokomotiven der Baureihe 50

zum Beispiel das Gattungsschild G 56 15:

G	bedeutet Güterzuglokomotive
5	bedeutet fünf gekuppelte Achsen
6	bedeutet sechs Achsen insgesamt (ohne Tender)
15	bedeutet eine Achsfahrmasse von 15 Tonnen

Über der Angabe der Achsfahrmasse war bei einigen Maschinen ein Dreieck mit oder ohne waagerecht darüber liegendem Rechteck angebracht. Das Dreieck bedeutete, dass die Maschine konstruktiv die Begrenzung des Lichtraumprofils II (Anlage F der Bau- und Betriebsordnung) überragte. Das Rechteck hingegen gab an, dass diese Überschreitung durch das Entfernen einzelner Teile, zum Beispiel durch den Abbau des Schornsteinaufsatzes oder – in späteren Jahren – der Rangierfunkantenne, wieder beseitigt werden konnte.

Neben dem der Bauartgruppe »G« gab es noch die Bauartgruppen »S« (Schnellzuglokomotiven), »P« (Personenzuglokomotiven), »Pt« (Personenzugtenderlokomotiven), »Gt« (Güterzugtenderlokomotiven), »Z« (Zahnradlokomotiven), »L« (Lokalbahnlokomotiven), »K« (Kleinspur-Lokomotiven, heute Schmalspurlokomotiven).
Die Deutsche Bundesbahn (DB) schaffte im November 1951 die Gattungsschilder ab, die in den folgenden Monaten entfernt wurden. Lediglich die Angaben zum Überschreiten des Lichtraumprofils wurden beibehalten. Dieses Schild bezeichnete die DB offiziell als »Begrenzungszeichen«. Die Deutsche Reichsbahn (DR) in der DDR rüstete ihre Dampflokomotiven bis zum Ende mit einem Gattungsschild aus, auch wenn sie zum Schluss nur noch direkt an die Führerhauswand geschrieben waren.

Bildnachweis (unter Angabe der jeweiligen Seitenzahl):

4/5: Peter Gericke, Slg. Dirk Endisch; 8/9: Archiv transpress; 10: H.-G. Kleine, Archiv transpress; 11: Slg. H.-G. Kleine, Archiv transpress; 12: D. Endisch; 13: Archiv transpress; 14: Slg. H.-G. Kleine, Archiv transpress; 15: Hubert, Slg. J. Töpelmann, Archiv transpress; 16: Slg. J. Töpelmann, Archiv transpress; 17: Slg. J. Töpelmann, Archiv transpress; 18: Hegel, Slg. Klaus-Dieter Baedermann (†); 19: Slg. J. Töpelmann, Archiv transpress; 20: D. Endisch; 21: Slg. J. Töpelmann, Archiv transpress; 22: Slg. J. Töpelmann, Archiv transpress; 23: Archiv transpress; 24/25: Rieger, Slg. Dirk Endisch; 26: P. Gericke, Archiv D. Endisch; 27/oben: Slg. H.-G. Kleine, Archiv transpress; 27/unten: Slg. H.-G. Kleine, Archiv transpress; 28: Slg. J. Reiners; 29/oben: D. Endisch; 29: Archiv D. Endisch; 30: Slg. H.-G. Kleine, Archiv transpress; 31/oben: Slg. H.-G. Kleine, Archiv transpress; 31/unten: Slg. H.-G. Kleine, Archiv transpress; 32: C. Bellingrodt, Slg. H.-G. Kleine, Archiv transpress; 33 oben: Slg. Dirk Endisch; 33/unten: C. Bellingrodt, Slg. H.-G. Kleine, Archiv transpress; 34: Slg. Dirk Endisch; 35/oben: Slg. H.-G. Kleine, Archiv transpress; 35/unten: Archiv transpress; 36/links: Slg. H.-G. Kleine, Archiv transpress; 37: Bellingrodt, Slg. Dirk Endisch; 38: Slg. J. Töpelmann, Archiv transpress; 39: Slg. H.-G. Kleine, Archiv transpress; 40: D. Endisch; 41/oben: Slg. H.-G. Kleine, Archiv transpress ; 41/unten: Slg. H.-G. Kleine, Archiv transpress; 42: Slg. H.-G. Kleine, Archiv transpress; 43/oben: Slg. J. Töpelmann, Archiv transpress; 43/unten: Archiv D. Endisch; 44: Slg. J. Töpelmann, Archiv transpress; 45/oben: Slg. H.-G. Kleine, Archiv transpress; 45/unten: Slg. H. Koppisch, Archiv transpress; 46: Slg. J. Töpelmann, Archiv transpress; 47/oben: Slg. H. Koppisch, Archiv transpress, Archiv transpress; 47/unten: Slg. J. Töpelmann, Archiv transpress, Archiv transpress; 48: C. Bellingrodt, Slg. H-G. Kleine, Archiv transpress; 49: Bellingrodt, Slg. Dirk Endisch; 50: Slg. J. Töpelmann, Archiv transpress; 51: Bellingrodt, Slg. Guus Ferrée; 52: Maey, Slg. Dirk Endisch; 53/oben: Slg. J. Töpelmann, Archiv transpress; 53/unten: C. Bellingrodt, Slg. J. Töpelmann, Archiv transpress; 54: C. Bellingrodt, Slg. J. Töpelmann, Archiv transpress; 55: Slg. J. Töpelmann, Archiv transpress; 56: Slg. J. Töpelmann, Archiv transpress; 57: Maey, Slg. Guus Ferrée; 58: C. Bellingrodt, Slg. J. Töpelmann, Archiv transpress; 59: Slg. J. Töpelmann, Archiv transpress; 60: Slg. J. Töpelmann, Archiv transpress; 61: Slg. J. Töpelmann Archiv transpress; 62: H.-G. Kleine, Archiv transpress; 63: Slg. J. Töpelmann, Archiv transpress; 64: H.-G. Kleine, Archiv transpress; 65: H.-G. Kleine, Archiv transpress; 66: Slg. J. Töpelmann, Archiv transpress; 67: Slg. J. Töpelmann, Archiv transpress; 68: Dennis Alexander Berg; 69: Sebastian Tuschick; 70: Sebastian Tuschick; 71: Sebastian Tuschick; 72: By PeterSkuce - Own work, CC BY-SA 4.0, https://commons.wikimedia.org/w/index.php?curid=79523678; 73: Archiv transpress; 74/75: Slg. J. Töpelmann, Archiv transpress; 76: Slg. H-G. Kleine, Archiv transpress; 77: Slg. Dirk Endisch; 78: W. Hubert, Slg. J. Töpelmann, Archiv transpress; 79/oben: Slg. H.-G. Kleine, Archiv transpress; 79 unten: Slg. Dirk Endisch; 80: Archiv, Slg. Dirk Endisch; 81: Slg. J. Töpelmann, Archiv transpress; 82: H.-G. Kleine, Archiv transpress; 83/links: W. Hubert, Slg. J. Töpelmann, Archiv transpress; 83/rechts: P. Gericke, Archiv D. Endisch; 84: H. Maey, Slg. J. Töpelmann, Archiv transpress; 85: Bellingrodt, Slg. Guus Ferrée; 86: Slg. J. Töpelmann, Archiv transpress; 87 oben: Maey, Slg. Guus Ferrée; 87/unten: Slg. J. Töpelmann, Archiv transpress; 88: Slg. J. Töpelmann, Archiv transpress; 89: Maey, Slg. Guus Ferrée; 90: Slg. Guus Ferrée; 91/oben: Slg. J. Töpelmann, Archiv transpress; 91/unten: Slg. J. Töpelmann, Archiv transpress; 92: Slg. J. Töpelmann, Archiv transpress; 93/oben: Slg. J. Töpelmann, Archiv transpress; 93/unten: Slg. J. Töpelmann, Archiv transpress; 94: Slg. J. Töpelmann, Archiv transpress; 95: C. Bellingrodt, Slg. J. Töpelmann, Archiv transpress; 96: Archiv transpress; 97: Slg. J. Töpelmann, Archiv transpress; 98: H.-G. Kleine, Archiv transpress; 99/oben: H.-G. Kleine, Archiv transpress; 99/unten: H.-G. Kleine, Archiv transpress; 100: H.-G. Kleine, Archiv transpress; 101: H.-G. Kleine, Archiv transpress; 102: Slg. J. Töpelmann, Archiv transpress; 103: Slg. J. Töpelmann, Archiv transpress; 104: H.-G. Kleine, Archiv transpress; 105: Slg. J. Töpelmann, Archiv transpress; 106: Dennis Alexander Berg; 107: By Peter Appleby - Great Central Railway, 20 Nov 2021, Public Domain, https://commons.wikimedia.org/w/index.php?curid=123070499; 108/109: Slg. J. Töpelmann, Archiv transpress; 110: Bellingrodt, Slg. Dirk Endisch; 111/großes Bild: H.-G. Kleine, Archiv transpress; 111/kleines Bild: P. Gericke, Archiv D. Endisch; 112: Slg. Dirk Endisch; 113: Slg. Dirk Endisch; 114: Bellingrodt, Slg. Guus Ferrée; 115/oben: Slg. J. Töpelmann, Archiv transpress; 115/unten: H.-G. Kleine, Archiv transpress; 116: Dirk Endisch; 117: D. Endisch; 118: D. Endisch; 119/oben: Archiv D. Endisch; 119/unten: C. Bellingrodt, Archiv D. Endisch; 120: Slg. J. Töpelmann, Archiv transpress; 121: C. Bellingrodt, Slg. J. Töpelmann, Archiv transpress; 122: Slg. J. Töpelmann, Archiv transpress; 123/oben: Slg. J. Töpelmann, Archiv transpress; 123/unten: Slg. J. Töpelmann, Archiv transpress; 124: Slg. Töpelmann, Archiv transpress; 125/oben: H.-G. Kleine, Archiv transpress; 125/unten: H.-G. Kleine, Archiv transpress; 126: H.-G. Kleine, Archiv transpress; 127: Archiv transpress; 128: Slg. H.G. Kleine, Archiv transpress; 129: By Lobsan - Own work, CC BY-SA 3.0, https://commons.wikimedia.org/w/index.php?curid=24738192; 130/131: Slg. J. Töpelmann, Archiv transpress; 132: C. Bellingrodt, Slg. J. Töpelmann, Archiv transpress; 133: C. Bellingrodt, Slg. J. Töpelmann, Archiv transpress; 134: Slg. J. Töpelmann, Archiv transpress; 135: Slg. Dirk Endisch; 136: Slg. J. Töpelmann, Archiv transpress; 137: Slg. J. Töpelmann, Archiv transpress; 138: Slg. Dirk Endisch; 139: Bellingrodt, Slg. Dirk Endisch; 140: Slg. Klein, Archiv transpress; 141: Slg. Klein, Archiv transpress